新編初級
財務會計學學習指導

主編 ○ 羅紹德

財經錢線

前　　言

　　本書是根據《初級財務會計學》教材編寫的配套學習指導，其結構和內容與教材基本一致。本書對各章節的重點和難點進行了概括講解和說明，並提供了大量的配套練習及參考答案。編寫本書的目的是幫助學生更好地理解和掌握教材的內容、重點和難點，通過學習和練習，使學生對會計的基本原理、基本概念、基本操作方法與程序有更深入的瞭解，為中級財務會計、高級財務會計、管理會計、成本會計、企業財務管理等其他課程的學習打下堅實的基礎。

　　本書包括三個部分：第一部分是概括各章節學習重點和難點，並對難點內容進行講解和說明；第二部分是練習題，主要包括單項選擇題、多項選擇題、判斷題、名詞解釋、簡答題、會計業務處理題；第三部分是參考答案。本書的練習題根據教材的內容、學習目的和要求，從不同的角度有針對性地設計，對學生學好初級財務會計有很好的幫助。

　　本書由羅紹德教授編寫，王新穎、湯曉兵、周小燕、張莉、王志濤、蔡奮、李唐晨、曹椿苗等為本書的初稿編寫做了大量的工作。在編寫過程中，我們參考了《基礎會計學》《會計學原理》《初級財務會計》等教材及相關的輔導資料，借鑑了別人的長處，汲取了其中的精華。我們本著認真、細心的態度編寫本書，但書中不可避免地仍存在著錯誤或不足，懇請讀者批評指正。我們真心希望本書能給各位讀者帶來幫助。

編　者

目　　錄

第一章　導論
　　學習重點及難點 ／1
　　練習題 ／2
　　參考答案 ／6

第二章　會計要素
　　學習重點及難點 ／9
　　練習題 ／11
　　參考答案 ／16

第三章　帳戶與復式記帳
　　學習重點及難點 ／20
　　練習題 ／21
　　參考答案 ／26

第四章　會計循環（上）
　　學習重點及難點 ／30
　　練習題 ／31
　　參考答案 ／35

第五章　會計循環（下）
　　學習重點及難點 ／41
　　練習題 ／44
　　參考答案 ／47

第六章　主要經濟業務的核算
　　學習重點及難點 ／51
　　練習題 ／51
　　參考答案 ／57

第七章　帳戶的分類
　　學習重點及難點 ／65
　　練習題 ／65
　　參考答案 ／68

第八章　會計憑證
　　學習重點及難點 ／70
　　練習題 ／71
　　參考答案 ／76

第九章　會計帳簿
　　學習重點及難點 ／89
　　練習題 ／90
　　參考答案 ／97

第十章　財產清查
　　學習重點及難點 ／101
　　練習題 ／102
　　參考答案 ／107

第十一章　財務會計報告
　　學習重點及難點　/110
　　練習題　/113
　　參考答案　/118

第十二章　會計核算組織程序
　　學習重點及難點　/121
　　練習題　/122

　　參考答案　/128

第十三章　會計工作組織
　　學習重點及難點　/150
　　練習題　/151
　　參考答案　/157

附錄1　企業和其他組織會計檔案保管期限
附錄2　預算會計檔案保管期限

第一章 導 論

學習重點及難點

一、會計的概念

關於會計的概念，目前在中國存在兩種觀點，即「會計管理論」和「會計信息論」。

會計管理論認為，會計是一項管理活動。會計是以貨幣為主要計量單位，對企業、事業等單位的經濟活動進行連續、系統、全面、綜合的反應和監督的一種管理活動。

會計信息論認為，會計是一個經濟信息系統。會計是旨在提高企業和各單位的經濟效益，為加強經濟管理而建立的一個以提供財務信息為主的經濟信息系統。

二、會計的職能

會計的職能是指會計在企業經營管理過程中所具有的功能。會計的基本職能是反應職能、監督職能。《中華人民共和國會計法》第五條規定：會計機構、會計人員依照本法規定進行會計核算（反應），實行會計監督。

會計的反應職能主要是以貨幣計量為主，其他計量為輔，反應各單位的經濟活動情況，為企業內部和外部單位及個人提供財務信息。

會計的監督職能是指會計對其主體的經營活動按照會計的目標進行調整，使之達到預期的目的。

三、會計目標

會計目標是指會計人員從事會計實踐活動所希望達到的預期結果或目的。

會計目標是為會計信息使用者提供真實、可靠、與決策相關的財務信息。

中國 2006 年 2 月 15 日發布的《企業會計準則——基本準則》第四章規定：財務會計報告的目標是向財務會計報告使用者提供與企業財務狀況、經營成果和現金流量等相關的會計信息，反應企業管理層受託責任履行情況，有助於財務會計報告使用者作出經濟決策。

四、會計方法

會計方法是會計人員為反應和監督會計的具體內容，完成會計目標而運用的一種特

定的方法。

會計方法包括三大內容，即會計核算方法、會計分析方法和會計檢查方法。會計核算是會計的基本環節。會計分析是會計核算的繼續和發展。會計檢查是會計核算的必要補充。

會計核算方法是對會計對象（會計要素）及其具體內容進行連續、系統、全面、綜合的記錄、計算、反應和控制所應用的專門方法。會計核算方法包括七種：設置帳戶、復式記帳、填製和審核憑證、登記會計帳簿、成本計算、財產清查、編製財務報表。

五、會計假設

會計假設是指在長期的會計實踐中已被人們用做處理會計工作的習慣或通行的做法，它是建立會計原則的基礎。

會計假設有四個，即會計主體、持續經營、會計分期、貨幣計量。

六、會計信息質量要求

中國 2006 年 2 月 15 日發佈的《企業會計準則——基本準則》第二章關於會計信息質量要求規定了八個基本原則：真實性、相關性、清晰性、可比性（包括一致性）、實質重於形式、重要性、穩健性和及時性。

練 習 題

一、單項選擇題

1. 會計核算使用的主要計量單位是（　　）。
   A. 實物計量　　　　　　　　B. 勞動工時計量
   C. 貨幣計量　　　　　　　　D. 以上三個任選一個
2. 西方會計史中，第一部比較系統地介紹有關簿記內容的書的作者是（　　）。
   A. 美國人　　　　　　　　　B. 義大利人
   C. 英國人　　　　　　　　　D. 法國人
3. 在宋朝時期，中國會計採用的是（　　）。
   A. 借貸記帳法　　　　　　　B. 單式記帳法
   C. 四柱結算法　　　　　　　D. 增減記帳法
4. 會計的目標是（　　）。
   A. 主要為經營管理者服務
   B. 保證國家財經政策的落實
   C. 監督企業經營者依法行事
   D. 為信息使用者提供決策有用的信息及反應受託者的責任履行情況

5. 會計的基本職能是（　　）。
   A. 預測與決策　　　　　　　　B. 核算與監督
   C. 監督與分析　　　　　　　　D. 計劃與控制
6. 屬於會計核算方法之一的是（　　）。
   A. 會計分析　　　　　　　　　B. 會計檢查
   C. 財產清查　　　　　　　　　D. 會計監督
7. 在中國，制定會計準則和會計制度的機構是（　　）。
   A. 全國人民代表大會常務委員會　B. 國務院所屬的財政部
   C. 企業上級主管部門　　　　　D. 企業或公司的決策機構
8. 現代會計起源於（　　）。
   A. 19 世紀末　　　　　　　　　B. 20 世紀初
   C. 1449 年　　　　　　　　　　D. 1494 年
9. 會計信息論認為（　　）。
   A. 會計是一種技術　　　　　　B. 會計是一個信息系統
   C. 會計是一門藝術　　　　　　D. 會計是一項管理活動
10. 會計主體（　　）。
    A. 一定是法律主體　　　　　　B. 一定不是法律主體
    C. 可能大於、等於或小於法律主體　D. 小於法律主體
11. 界定企業會計核算空間範圍的會計假設是（　　）。
    A. 會計分期　　　　　　　　　B. 會計主體
    C. 持續經營　　　　　　　　　D. 貨幣計量
12. 將融資租賃固定資產視為本企業固定資產進行會計核算，是會計信息質量要求的（　　）要求。
    A. 及時性　　　　　　　　　　B. 穩健性
    C. 實質重於形式　　　　　　　D. 重要性
13. 界定了企業經濟業務的時間範圍的會計假設是（　　）。
    A. 會計分期　　　　　　　　　B. 持續經營
    C. 會計主體　　　　　　　　　D. 貨幣計量與幣值不變
14. 會計分期是建立在（　　）基礎之上的。
    A. 會計主體　　　　　　　　　B. 持續經營
    C. 會計期間　　　　　　　　　D. 權責發生制
15. 會計核算能提供的信息是（　　）。
    A. 未來信息　　　　　　　　　B. 預測信息
    C. 分析過的信息　　　　　　　D. 歷史信息

二、多項選擇題

1. 會計的基本職能是（   ）。
   A. 反應
   B. 計劃和協調
   C. 預測和決策
   D. 監督

2. 屬於會計核算方法的是（   ）。
   A. 設置帳戶、登記帳簿
   B. 填製和審核憑證
   C. 復式記帳、財產清查
   D. 成本計算、編製會計報表

3. 下列不屬於會計核算方法的是（   ）。
   A. 會計分析
   B. 復式記帳
   C. 會計檢查
   D. 財產清查

4. 會計的基本特徵是（   ）。
   A. 對企業未來進行預測
   B. 以原始憑證為依據
   C. 以貨幣作為主要計量單位
   D. 採用抽樣記錄經濟業務

5. 會計信息使用者有（   ）。
   A. 企業投資者
   B. 企業債權人
   C. 企業管理當局
   D. 與企業有利益關係的團體和個人

6. 不屬於企業會計的是（   ）。
   A. 財務會計
   B. 管理會計
   C. 行政單位會計
   D. 事業單位會計

7. 會計的目標是（   ）。
   A. 為決策者提供決策有用的信息
   B. 反應經營管理者的經管責任
   C. 提供企業預測未來的信息
   D. 提供企業不能計量的信息

8. 會計核算的基本假設或前提是（   ）。
   A. 會計主體、持續經營
   B. 收付實現制
   C. 貨幣計量、會計分期
   D. 權責發生制

9. 下列與會計信息質量要求相關的原則是（   ）。
   A. 可比性原則
   B. 相關性原則
   C. 配比性原則
   D. 穩健性原則

10. 下列與會計信息質量要求相關的原則是（   ）。
    A. 重要性原則
    B. 權責發生制原則
    C. 配比性原則
    D. 可靠性原則

三、判斷題

1. 設置和登記帳簿是編製會計報表的基礎，是連接會計憑證與會計報表的中間環節。
   （   ）

2. 會計的基本職能是預測未來。（　　）
3. 會計以貨幣計量為主，同時可以適當地運用其他計量單位。（　　）
4. 會計的目標是既要提供決策有用的會計信息，同時還應提供受託責任的信息。
（　　）
5. 會計的基本職能既反應過去又控制現在，還要預測未來。（　　）
6. 會計交易或事項是企業所發生的全部經濟活動。（　　）
7. 財務會計主要提供對外的會計信息，管理會計主要提供對內的會計信息。（　　）
8. 企業會計屬於營利組織會計，預算會計屬於非營利組織會計。（　　）
9. 系統記載簿記理論和方法的第一部著作是義大利的數學家巴其阿勒所著的《數學大全》。（　　）
10. 會計記錄不一定要求連續地記錄，對於不重要的經濟業務可以不記錄。（　　）
11. 會計假設也叫會計前提，是制定會計原則的基礎。（　　）
12. 企業應當以權責發生制為基礎進行會計確認、計量和報告。（　　）
13. 權責發生制要求設置應收、應付等帳戶，收付實現制不需要設置這些帳戶。
（　　）
14. 重要性原則是指對重要或重大的會計事項進行詳細記錄，對於不太重要或重大的會計事項可以忽略不記。（　　）
15. 中國《企業會計準則——基本準則》規定的會計計量方法仍然是以歷史成本計量屬性為主，同時可採用重置成本、可變現淨額、現值和公允價值。（　　）

四、名詞解釋

信息論的會計定義　　會計方法　　企業會計　　會計主體　　穩健性

五、簡答題

1. 什麼是會計的職能？會計的基本職能是什麼？
2. 什麼是會計目標？會計目標的具體內容是什麼？
3. 會計的特點是什麼？
4. 會計核算方法有哪些？各種方法之間的聯繫怎樣？
5. 何為實質重於形式原則？會計為什麼要運用這項原則？
6. 中國《企業會計準則——基本準則》關於會計信息質量要求中的可比性原則包含的內容是什麼？
7. 何為穩健性原則？在運用穩健性原則時要注意什麼？

參考答案

一、單項選擇題

1. C 2. B 3. C 4. D 5. B 6. C 7. B 8. D 9. B 10. C 11. B 12. C 13. B 14. C 15. D

二、多項選擇題

1. AD 2. ABCD 3. AC 4. BC 5. ABCD 6. CD 7. AB 8. AC 9. ABD 10. AD

三、判斷題

1. √ 2. × 3. √ 4. √ 5. × 6. × 7. √ 8. √ 9. √ 10. × 11. √ 12. √ 13. √ 14. × 15. √

四、名詞解釋

會計作為一個信息系統，是以貨幣作為主要計量單位，對會計資料進行加工整理後，提供以財務信息為主的經濟信息系統。

會計方法是會計人員為反應和監督會計的具體內容，完成會計目標所運用的特定方法。

企業會計是服務於某一以盈利為目的的經濟組織的專業會計。

會計主體是指擁有一定的經濟資源並實行獨立核算的經濟實體。它可能大於、等於或小於法律主體。

穩健性，也稱為謹慎性，是指企業對交易或者事項進行會計確認、計量和報告應當保持應有的謹慎，不應高估資產或收益，低估負債或費用。

五、簡答題

1. 會計的職能是指會計在企業經營管理過程中所具有的功能。會計的基本職能是反應職能、監督職能。

會計的反應職能主要是通過會計確認、計量、記錄、報告，以貨幣形式反應各單位的經濟活動情況，為企業內部和外部單位及個人提供財務信息。

會計的監督職能是指會計對其主體的經營活動的合理合法性進行審查，按照會計的目標進行調整，使之達到預期的目的。

2. 會計目標是指會計人員從事會計工作所追求和希望達到的預期效果和最終目的。

經營管理責任觀注重的是委託者和受託者之間的相互關係。會計人員利用記錄與報告來實現所追求的目標。會計的首要目標是計量受託責任完成情況。

決策有用觀認為，會計的首要目標是提供對使用者決策有用的信息。

3. 會計的特點是指會計學科與其他學科相比體現的不同之處。會計的特點表現在以下三個方面：

（1）會計以原始憑證為依據。以原始憑證為依據是會計的特點之一。會計人員加工信息時，以原始憑證為依據，對原始憑證進行加工整理，然后生產出會計信息使用者需要的會計信息。

（2）會計以貨幣作為主要計量單位。由於只有貨幣計量才具有綜合性，能將企業的各種資源及經濟活動情況進行綜合反應，所以以貨幣作為主要計量單位是會計的特點之二。

（3）會計反應具有連續性、系統性和完整性。會計記錄要求連續、完整，不能間斷和遺漏，並且需要採用科學的方法進行系統的反應。

4. 會計核算方法包括七種：設置帳戶、復式記帳、填製和審核憑證、登記會計帳簿、成本計算、財產清查、編製財務報表。企業發生經濟業務以後，經辦人員要填製或取得原始憑證，經會計人員審核整理後，按規定和要求的會計科目設置帳戶，運用復式記帳原理，編製記帳憑證（會計分錄），並據以登記帳簿；同時，要對生產的產品和提供的勞務進行成本計算；定期或不定期地對企業財產物資進行清查，在確保帳實、帳證、帳帳相符的基礎上，定期編製會計報表。設置帳戶、復式記帳、填製和審核憑證是首要的環節，登記會計帳簿、成本計算、財產清查是中間環節，編製財務報表是最終環節。這三個環節環環相扣，構成企業會計循環的三大基本步驟，其他方法與此緊密相連。

5. 實質重於形式原則要求企業應當按照交易或事項的經濟實質進行會計核算，而不僅僅依據它們的法律形式進行會計核算。

在實務中，交易或事項的法律形式並不總能完全真實地反應其實質內容。所以，會計信息要想反應其擬反應的交易或事項，就必須根據交易或事項的經濟實質，而不能僅僅依據它們的法律形式進行會計核算和反應。會計準則和會計制度規定，對融資租入固定資產應當視為本企業固定資產進行會計核算。雖然融資租入固定資產從法律形式上不屬於企業，其所有權屬於出租方，但與該固定資產相關的風險和報酬已實質上轉移到了承租人，所以會計核算上將融資租入的固定資產視為本企業固定資產進行會計核算。

6. 中國《企業會計準則——基本準則》關於會計信息質量要求中的可比性原則包含了可比性及一致性原則在內。同一企業不同時期發生的相同或相似的交易或事項，應當採用一致的會計政策，不得隨意變更。確需變更的，應當在附註中說明。

不同企業發生的相同或相似的交易或事項，應當採用規定的會計政策，確保會計信息口徑一致、相互可比。

可比性原則強調會計指標的口徑要前後保持一致，而一致性原則強調選擇的會計方法不能隨意變更。

7. 穩健性原則也叫謹慎性原則，是指企業進行會計核算時，對企業充滿風險和不確定性的經濟業務應當按照謹慎性的要求，盡可能少估資產和收益，多估負債和損失，但不得設置秘密準備。會計準則要求企業定期或者至少於每年年末，對可能發生的各項資產損失計提減值準備，就充分體現了謹慎性原則，這是對歷史成本原則的修訂。

需要注意的是，謹慎性原則並不意味著企業可以任意設置各種秘密準備，否則就屬於濫用謹慎性原則。

第二章　會計要素

學習重點及難點

一、會計要素的含義

會計要素是對會計對象進行的基本分類。作為反應企業財務狀況和經營成果的基本單位，會計要素又是會計報表的基本構件。

按照中國《企業會計準則——基本準則》的規定，會計要素分為資產、負債、所有者權益、收入、費用和利潤。前三個為靜態會計要素，后三個為動態會計要素。

二、資產

資產是指過去的交易或事項形成的、由企業擁有或者控制的，預期會給企業帶來經濟利益的資源。資產包括各種財產、債權和其他權利。

資產的特點表現在以下四個方面：

（1）資產必須是企業擁有或能夠加以控制的經濟資源；
（2）資產的目的是在未來為某個會計主體帶來經濟利益；
（3）資產是由過去的交易或事項形成的；
（4）資產是可以用貨幣來計量的。

企業資產包括流動資產和非流動資產，非流動資產包括長期投資、固定資產、無形資產和其他資產。

三、負債

負債是指過去的交易或事項形成的預期會導致經濟利益流出企業的現時義務。

負債的特點表現在以下三個方面：

（1）負債是企業過去的交易或事項形成的、企業承擔的現時義務；
（2）負債的清償，預期會導致經濟利益流出企業；
（3）負債必須能以貨幣計量，是可以確定或估計的。

企業負債包括流動負債和長期負債。

四、所有者權益

所有者權益是企業資產扣除負債後由所有者享有的剩餘權益。

所有者權益包括所有者投入的資本、直接計入所有者權益的利得和損失、留存收益。

直接計入所有者權益的利得和損失是指不應計入當期損益、會導致所有者權益發生變動的與所有者投入資本或向所有者分配股利無關的利得和損失。

五、收入

收入是企業在日常活動中所形成的、會導致所有者權益增加的、與所有者投入資本無關的經濟利益的總流入。

收入的特點表現在以下三個方面：

（1）收入是從企業的日常經營活動中產生的；
（2）收入的增加可能表現為企業資產的增加或負債的減少，或兩者兼而有之；
（3）收入反應企業在一定時期所取得的銷售成果，可能帶來企業權益的增加。

六、費用

費用是企業在日常活動中所發生的、會導致企業所有者權益減少的、與向所有者分配利潤無關的經濟利益的總流出。

為生產產品或提供勞務等發生的對象化的費用，構成產品或勞務的成本。無法對象化的費用為期間費用。期間費用包括管理費用、財務費用和銷售費用等。

七、利潤

利潤是企業在一定期間的經營成果。利潤包括收入與費用配比相抵后的差額、直接計入當期利潤的利得和損失等。如果收入小於費用則表現為虧損。直接計入當期利潤的利得和損失，是指應當計入當期損益、會導致所有者權益增減變動的、與所有者投入資本或者向所有者分配利潤無關的利得或者損失。

八、會計要素之間的關係

（一）靜態要素之間的關係

$$資產＝負債＋所有者權益$$

該公式表明了三個靜態要素之間的關係，它是設置帳戶的依據，是復式記帳法的基礎，是會計的基本方程式。

$$負債方程式：負債＝資產－所有者權益$$
$$所有者權益方程式：所有者權益＝資產－負債$$

（二）動態要素之間的關係

$$收入－費用＝利潤（虧損）$$

利潤表示企業所有者權益的增加，虧損表示企業所有者權益的減少。

(三) 靜態要素與動態要素之間的關係

$$新的資產＝新的負債＋[所有者權益＋(收入－費用)]$$
$$新的資產＝新的負債＋新的所有者權益$$

練習題

一、單項選擇題

1. 下列各項目中不屬於會計要素的是（　　）。
   A. 資產　　　　　　　　　　B. 財產
   C. 負債　　　　　　　　　　D. 利潤
2. 下列各項目中屬於靜態會計要素的是（　　）。
   A. 費用　　　　　　　　　　B. 利潤
   C. 收入　　　　　　　　　　D. 負債
3. 下列各項目中屬於動態會計要素的是（　　）。
   A. 資產　　　　　　　　　　B. 負債
   C. 收入　　　　　　　　　　D. 所有者權益
4. 下列各項目中屬於資產的是（　　）。
   A. 預收帳款　　　　　　　　B. 實收資本
   C. 應付帳款　　　　　　　　D. 預付帳款
5. 資產通常按流動性分為（　　）。
   A. 有形資產與無形資產　　　B. 貨幣資產與非貨幣資產
   C. 流動資產與非流動資產　　D. 本企業資產與租入的資產
6. 下列各項目中屬於長期負債的是（　　）。
   A. 持有至到期投資　　　　　B. 預付帳款
   C. 應付債券　　　　　　　　D. 應付股利
7. 下列各項目中屬於所有者權益的是（　　）。
   A. 長期股權投資　　　　　　B. 長期應付款
   C. 固定資產　　　　　　　　D. 盈餘公積
8. 下列各項目中不屬於負債的是（　　）。
   A. 預付帳款　　　　　　　　B. 預收帳款
   C. 應付帳款　　　　　　　　D. 應付債券
9. 下面不是負債的特點的是（　　）。
   A. 過去的交易、事項所構成的現時義務
   B. 企業擁有或控制的經濟資源
   C. 企業未來經濟利益的犧牲

D. 能以貨幣計量，是可以確定或估計的
10. 資產的特點是（　　）。
    A. 將導致企業未來經濟利益流入
    B. 反應企業在一定時期所取得的經營成果
    C. 將導致企業未來經濟利益流出
    D. 是過去的交易、事項所構成的現時義務
11. 下列會計等式中不正確的是（　　）。
    A. 資產 = 負債 + 所有者權益　　B. 負債 = 資產 - 所有者權益
    C. 資產 - 負債 = 所有者權益　　D. 資產 + 負債 = 所有者權益
12. 下列經濟業務中，會影響會計等式總額發生變化的是（　　）。
    A. 以銀行存款 80,000 元購買材料
    B. 以銀行存款 80,000 元償還短期借款
    C. 結轉完工產品成本 80,000 元
    D. 收回客戶所欠的應收帳款 80,000 元
13. 下列經濟活動中，引起資產和負債同時減少的是（　　）。
    A. 以銀行存款償付前欠購貨款　　B. 購買材料貨款尚未支付
    C. 收回應收帳款　　D. 接受其他單位投資
14. 下列經濟活動中，引起負債之間彼此增減的是（　　）。
    A. 以銀行存款償還銀行借款
    B. 向銀行借入款項直接償還應付帳款
    C. 用銀行存款償還前欠購貨款
    D. 用現金支付職工工資
15. 下列經濟活動中，引起所有者權益之間彼此增減的是（　　）。
    A. 收到應收帳款，存入銀行　　B. 收到股東 A 的固定資產投資
    C. 用銀行存款償還短期負債　　D. 按稅後利潤提取法定盈余公積

二、多項選擇題
1. 下列項目中屬於靜態會計要素的是（　　）。
    A. 資產　　　　　　　　　　　B. 利潤
    C. 收入　　　　　　　　　　　D. 負債
2. 下列各項目中反應企業財務狀況的會計要素有（　　）。
    A. 資產　　　　　　　　　　　B. 所有者權益
    C. 負債　　　　　　　　　　　D. 利潤
3. 下列項目中屬於動態會計要素的是（　　）。
    A. 收入　　　　　　　　　　　B. 所有者權益

C. 資產 D. 利潤

4. 下列項目中屬於資產的有（　　）。
   A. 應收帳款　　　　　　　　B. 預收帳款
   C. 應付帳款　　　　　　　　D. 預付帳款

5. 下列項目中屬於所有者權益的有（　　）。
   A. 股本　　　　　　　　　　B. 資本公積
   C. 未分配利潤　　　　　　　D. 應付股利

6. 下列項目中屬於期間費用的有（　　）。
   A. 製造費用　　　　　　　　B. 銷售費用
   C. 管理費用　　　　　　　　D. 財務費用

7. 財務費用一般包括（　　）。
   A. 發行股票所付相關費用　　B. 銀行轉帳結算所付的手續費
   C. 銀行借款利息　　　　　　D. 發行債券手續費

8. 下列項目中屬於流動負債的是（　　）。
   A. 應付債券　　　　　　　　B. 預付帳款
   C. 應付帳款　　　　　　　　D. 預收帳款

9. 下列項目中屬於流動資產的是（　　）。
   A. 交易性金融資產　　　　　B. 預付帳款
   C. 預收帳款　　　　　　　　D. 一年內到期長期債

10. 利潤總額是指企業在一定會計期間的經營成果，包括（　　）。
    A. 投資收益　　　　　　　　B. 經營利潤
    C. 營業外收入　　　　　　　D. 營業外支出

11. 資產的特徵有（　　）。
    A. 資產是由過去的交易、事項形成的
    B. 資產能以貨幣計量
    C. 資產是企業擁有或控制的
    D. 資產預期能給企業帶來經濟利益

12. 收入將導致企業（　　）。
    A. 現金流出　　　　　　　　B. 資產增加
    C. 資產減少　　　　　　　　D. 負債減少

13. 下列會計等式正確的是（　　）。
    A. 資產 = 負債 + 所有者權益
    B. 新的資產 = 新的負債 + 所有者權益 + 利潤
    C. 新的資產 + 費用 = 新的負債 + 所有者權益 + 收入
    D. 資產 + 所有者權益 = 負債

14. 下列經濟活動中引起資產和負債同時增加的是（　　）。
   A. 用銀行存款償還長期負債　　　B. 購買材料，貨款尚未支付
   C. 預收銷貨款　　　　　　　　　D. 向銀行借入短期借款，存入銀行
15. 下列經濟活動中引起資產之間彼此增減的是（　　）。
   A. 用現金支付職工工資　　　　　B. 收到應收帳款，存入銀行
   C. 完工產品入庫　　　　　　　　D. 生產領用材料

三、判斷題
1. 「資產＝負債＋所有者權益」這個平衡公式是企業資金運動的靜態表現。（　　）
2. 負債是企業過去的交易或事項所引起的潛在義務。（　　）
3. 應收及預收款是資產，應付及預付款是負債。（　　）
4. 資產按流動性分為無形資產和有形資產。（　　）
5. 凡引起企業資產、負債、所有者權益、收入、費用和利潤這六大會計要素增減變動的事項就屬於企業的會計事項。（　　）
6. 無形資產是不具有實物形態的資產，因此土地使用權屬於無形資產。（　　）
7. 某一財產物資要成為企業的資產，其所有權必須屬於企業。（　　）
8. 所有者權益是指投資人對企業全部資產的所有權。（　　）
9. 收入是指企業在日常活動中所形成的、會導致所有者權益增加的、與所有者投入資本無關的經濟利益的總流入。（　　）
10. 若某項資產不能為企業帶來經濟利益，即使是由企業擁有或控制的，也不能作為企業的資產在資產負債表中列示。（　　）
11. 收入能導致企業資產的增加或負債的減少，或二者兼而有之。（　　）
12. 期間費用不構成產品的生產成本，直接計入當期損益。（　　）
13. 產品的生產成本包括直接生產成本和間接生產成本，還包括期間費用。（　　）
14. 靜態會計要素是資產負債表的構成內容，動態會計要素是利潤表的構成內容。（　　）
15. 費用會導致企業經濟利益流出企業，收入導致企業經濟利益流入企業。（　　）

四、名詞解釋
會計要素　會計平衡式　資產　負債　所有者權益　收入　費用　利潤

五、簡答題
1. 企業資產的特點有哪些？資產的主要分類是怎樣的？
2. 負債的特點有哪些？負債的主要分類是怎樣的？
3. 收入的概念和特點是什麼？

4. 如何理解資產、負債與所有者權益的平衡關係？

六、業務題

1. 判斷表 2-1 中的經濟內容分別屬於哪個會計要素，請在對應的欄目內打「√」。

表 2-1　　　　　　　　　　　經濟內容歸類

序號	經濟內容	資產	負債	權益	收入	費用	利潤
1	正在生產過程中加工的在產品						
2	庫存商品						
3	欠銀行的短期借款						
4	存放在銀行的現金						
5	企業生產用機器設備						
6	未繳納的各種稅款						
7	企業擁有的對外投資						
8	預先收到的訂貨款						
9	企業倉庫儲存的材料						
10	銷售商品實現的收入						
11	企業管理部門發生的費用						
12	對外投資分回的利息						
13	投資者追加的投入資本						
14	支付全年的報刊費						
15	支付的訂貨定金						
16	支付的廣告費						
17	年末未分配的利潤						
18	計提管理部門折舊費						
19	本年累計實現的淨利潤						
20	企業的房屋和建築物						
21	企業的無形資產						
22	企業購入材料在運輸途中						
23	計算應付給職工的工資						
24	企業投資者投入超過股本的溢價						
25	企業獲得的營業外收入						
26	支付銀行的各種手續費						
27	應收銷貨款債權						
28	委託其他企業代銷的商品						
29	欠銀行的利息						
30	正在建設的企業車間						

2. 東方公司 2015 年 12 月份發生下列經濟業務：

（1） 12 月 4 日，企業收到紅星公司投入的一塊土地，協議作價 400,000 元。

（2） 12 月 5 日，以銀行存款購入材料 50,000 元。

（3） 12 月 15 日，企業從銀行獲得長期借款 250,000 元。

（4） 12 月 16 日，生產車間一般耗用領用原材料 2,000 元。

（5） 12 月 18 日，與企業債權人五一公司協商后，將前欠該公司的 200,000 元購貨款轉作對本企業的投資，五一公司成為本企業的股東之一。

（6） 12 月 20 日，經本企業股東大會同意，投資者甲抽走原投入企業的資金 300,000 元，以銀行存款支付。

（7） 12 月 20 日，通過銀行收回 W 公司前欠本企業的貨款 50,000 元。

（8） 12 月 21 日，通過銀行歸還前欠大華公司的購貨款 45,000 元。

（9） 12 月 21 日，月末結轉完工甲產品 500 件，單位產品成本為 400 元。

（10） 12 月 22 日，從銀行借入 10,000 元償還所欠 M 公司的購貨款。

（11） 12 月 31 日，宣布發放現金股利 200,000 元，暫時未付。

（12） 12 月 31 日，按稅后利潤提取法定盈余公積 30,000 元。

請判斷上述經濟業務的類型並填入表 2-2 中。

表 2-2　　　　　　　　　　　　判斷經濟業務

經濟業務類型	業務序號
1. 一項資產增加，另一項資產減少	
2. 一項負債增加，另一項負債減少	
3. 一項所有者權益增加，另一項所有者權益減少	
4. 一項負債增加，一項所有者權益減少	
5. 一項負債減少，一項所有者權益增加	
6. 一項資產增加，一項負債增加	
7. 一項資產減少，一項負債減少	
8. 一項資產增加，一項所有者權益增加	
9. 一項資產減少，一項所有者權益減少	

參 考 答 案

一、單項選擇題

1. B　2. D　3. C　4. D　5. C　6. C　7. D　8. A　9. B　10. A　11. D　12. B　13. A　14. B　15. D

二、多項選擇題

1. AD　2. ABC　3. AD　4. AD　5. ABC　6. BCD　7. BCD　8. CD　9. ABD
10. ABCD　11. ABCD　12. BD　13. ABC　14. BCD　15. BCD

三、判斷題

1. √　2. ×　3. ×　4. ×　5. √　6. √　7. ×　8. ×　9. √　10. √　11. √　12. √
13. ×　14. √　15. √

四、名詞解釋

會計要素是構成會計客體的必要因素，是對會計事項所確認的項目進行的歸類。

會計平衡式是由各會計要素之間存在著的內在的、必然的聯繫所形成的會計等式。

資產是指企業過去的交易或事項形成、由企業擁有或者控制、預期會給企業帶來經濟利益的資源。

負債指企業過去的交易或事項形成的、預期會導致經濟利益流出企業的現時義務。

所有者權益是企業所有者（投資人）在企業資產中享有的剩餘權利，即企業資產減去負債后的差額（剩余部分），又稱之為淨資產。

收入是指企業在日常活動中所形成的、會導致所有者權益增加的、與所有者投入資本無關的經濟利益的總流入。

費用是企業在日常活動中所發生的、會導致所有者權益減少的、與向所有者分配股利無關的經濟利益的流出。

利潤是企業在一定期間的經營成果。利潤包括收入與費用配比相抵后的差額、直接計入當期損益的利得和損失等。

五、簡答題

1. 資產的特點主要表現在以下幾個方面：
（1）資產是由過去的交易、事項所形成的。
（2）資產必須是企業擁有或能夠加以控制的經濟資源。
（3）資產預期能給企業帶來經濟利益。
（4）資產是可以用貨幣來計量的。
資產主要分為流動資產、長期投資、固定資產、無形資產和其他資產。

2. 負債的特點主要表現在以下幾個方面：
（1）負債是過去或目前的會計事項所構成的現時義務。
（2）負債是企業未來經濟利益的流出。
（3）負債必須能以貨幣計量，是可以確定或估計的。

負債主要分為流動負債和長期負債。

3. 收入是指企業在日常經營活動中所形成的、會導致企業所有者權益增加的、與所有者投入資本無關的經濟利益的總流入。收入的特徵如下：

（1）收入是從企業的日常經營活動中產生的。企業有些交易或事項雖然也能為企業帶來經濟利益，但不屬於企業的日常經營活動，所以其流入企業的經濟利益不屬於收入，而是利得。

（2）收入可以表現為企業資產的增加或負債的減少，或兩者兼而有之。

（3）收入可能引起企業所有者權益增加。當企業實現的收入大於其所發生的成本時，就形成了利潤，即增加企業所有者權益。但如果企業實現的收入小於其發生的成本，則形成虧損，也可能引起所有者權益減少。

4. 任何一個會計主體擁有一定數額的資產，就必然存在相應的權益（負債和所有者權益）。資產和權益是相互依存的。沒有資產就沒有權益，同樣資產也不能脫離權益而獨立存在。從任何一個會計時點（靜態）來看，一個會計主體有多少資產，必定有多少權益，有多少權益必有多少負債。資產和權益是同一資金的兩個不同方面。因此，一個會計主體的資產總額和其權益總額必然相等。這就形成了會計的基本平衡式：資產＝負債＋所有者權益。

六、業務題

1. 答案如表 2-3 所示。

表 2-3　　　　　　　　　　　　經濟內容分類

序號	經濟內容	資產	負債	權益	收入	費用	利潤
1	正在生產過程中加工的在產品	√					
2	庫存商品	√					
3	欠銀行的短期借款		√				
4	存放在銀行的現金	√					
5	企業生產用機器設備	√					
6	未繳納的各種稅款		√				
7	企業擁有的對外投資	√					
8	預先收到的訂貨款		√				
9	企業倉庫儲存的材料	√					
10	銷售商品實現的收入				√		
11	企業管理部門發生的費用					√	
12	對外投資分回的利息						√
13	投資者追加的投入資本			√			
14	支付全年的報刊費	√					

表2-3(續)

序號	經濟內容	資產	負債	權益	收入	費用	利潤
15	支付的訂貨定金	√					
16	支付的廣告費					√	
17	年末未分配的利潤			√			
18	計提管理部門折舊費					√	
19	本年累計實現的淨利潤						√
20	企業的房屋和建築物	√					
21	企業的無形資產	√					
22	企業購入材料在運輸途中	√					
23	計算應付給職工的工資		√				
24	企業投資者投入超過股本的溢價			√			
25	企業獲得的營業外收入						√
26	支付銀行的各種手續費					√	
27	應收銷貨款債權	√					
28	委託其他企業代銷的商品	√					
29	欠銀行的利息		√				
30	正在建設的企業車間	√					

2. 答案如表2-4所示。

表2-4　　　　　　　　　　判斷經濟業務

經濟業務類型	業務序號
1. 一項資產增加，另一項資產減少	(2)(4)(7)(9)
2. 一項負債增加，另一項負債減少	(10)
3. 一項所有者權益增加，另一項所有者權益減少	(12)
4. 一項負債增加，一項所有者權益減少	(11)
5. 一項負債減少，一項所有者權益增加	(5)
6. 一項資產增加，一項負債增加	(3)
7. 一項資產減少，一項負債減少	(8)
8. 一項資產增加，一項所有者權益增加	(1)
9. 一項資產減少，一項所有者權益減少	(6)

第三章　帳戶與復式記帳

學習重點及難點

一、設置帳戶

設置帳戶是根據經濟管理的要求，按照會計要素，對企業不斷發生的經濟業務進行日常歸類，從而反應、監督會計要素各個具體類別並提供各類動態、靜態指標的一種專門方法。設置帳戶是會計的一種專門方法。

設置帳戶具有以下兩個重要作用：
(1) 設置帳戶能按照經濟管理的要求分類記載和反應經濟業務。
(2) 設置帳戶能為編製財務報表提供重要依據。

二、帳戶的基本結構

帳戶的結構是指帳戶由哪些內容構成。在設計帳戶結構時，一般應有三個基本部分：
(1) 帳戶名稱，即會計科目。
(2) 帳戶方向，即在帳戶的什麼地方記錄經濟業務的增加和減少，也就是說在帳戶中怎樣反應經濟業務的增加和減少。
(3) 帳戶余額。費用帳戶的余額與資產帳戶的余額計算相同，權益帳戶的余額與負債帳戶的余額計算相同。

三、帳戶與會計科目

會計科目是對會計要素進行分類的標誌，是設置帳戶的直接依據。
會計科目和帳戶的聯繫表現在帳戶是根據會計科目設置的，會計科目是帳戶的名稱，沒有會計科目，就沒有辦法設置帳戶。

四、復式記帳

(一) 記帳方法的種類

復式記帳法是指對每筆經濟業務發生所引起的一切變化，都以相同的金額在兩個或兩個以上的帳戶中進行相互聯繫的登記。

中國曾採用過三種復式記帳法，即借貸復式記帳法、增減復式記帳法、收付復式記帳法。中國《企業會計準則》第七條規定：企業的會計記帳採用借貸記帳法。

(二) 借貸記帳法的內容

借貸記帳法是借貸復式記帳法的簡稱。借貸記帳法是以「借」和「貸」為記帳符號，運用復式記帳原理登記經濟業務的一種記帳方法。

(1) 記帳符號。借貸記帳法採用的記帳符號「借」和「貸」二字僅僅作為符號或標誌，已失去原有的實際意義。

(2) 會計基本平衡式。借貸記帳法的基本平衡公式如下：

資產＝負債+所有者權益

(3) 帳戶的設置及結構（見圖3-1）。

借	會計科目（帳戶的名稱）	貸
資產增加		資產減少
負債減少		負債增加
權益減少		權益增加
費用增加		費用減少
收入減少		收入增加
利潤減少		利潤增加

圖 3-1

資產、負債、權益帳戶為實帳戶，期初、期末一般都有余額，其余額一般在各會計要素的增加方。資產的余額一般在借方，負債和權益的余額一般在貸方。

收入、費用、利潤帳戶為虛帳戶，期初、期末一般都無余額。

(4) 記帳規則。有借必有貸，借貸必相等。

(5) 試算平衡。借貸記帳法試算平衡的方法有兩種：一是帳戶本期發生額試算平衡：所有帳戶本期借方發生額合計＝所有帳戶本期貸方發生額合計。二是帳戶余額試算平衡。所有帳戶的期末借方余額之和＝所有帳戶期末貸方余額之和。

練 習 題

一、單項選擇題

1. 帳戶是根據（　　）開設的，用來連續、系統地記載各項經濟業務的一種手段。

　A. 會計憑證　　　　　　　　　B. 會計對象

　C. 會計要素　　　　　　　　　D. 會計科目

2. 根據借貸記帳法的原理，記錄在帳戶借方的是（　　）。

A. 資產的減少 B. 收入的增加
C. 負債的減少 D. 所有者權益的增加

3. 會計科目是（　　）的名稱。
   A. 會計帳戶 B. 會計業務
   C. 會計對象 D. 會計要素

4. 借貸記帳法的記帳規則是（　　）。
   A. 同增、同減、有增、有減 B. 同收、同付、有收、有付
   C. 有借必有貸，借貸必相等 D. 有增必有減，增減必相等

5. 在借貸記帳法中，帳戶的哪一方記錄增加、哪一方記錄減少是由（　　）決定的。
   A. 業務的性質 B. 帳戶的性質
   C. 帳戶的結構 D. 記帳規則

6. 復式記帳法的基本理論依據是（　　）的平衡原理。
   A. 借方發生額 = 貸方發生額
   B. 收入 – 費用 = 利潤
   C. 期初余額 + 本期增加數 – 本期減少數 = 期末余額
   D. 資產 = 負債 + 所有者權益

7. 會計要素有六類，中國財政部發布的會計科目有（　　）類。
   A. 六 B. 三
   C. 五 D. 四

8. 按照借貸記帳法的記錄方法，下列四組帳戶中，增加額都記在貸方的是（　　）帳戶。
   A. 資產類和負債類 B. 負債類和所有者權益類
   C. 成本類和損益類 D. 損益類中的收入和支出類

9. 會計科目與帳戶之間的區別在於（　　）。
   A. 反應的經濟內容不同 B. 帳戶有結構而會計科目無結構
   C. 分類的對象不同 D. 反應的結果不同

10. 按照借貸記帳法的記錄方法，下列帳戶的貸方登記增加額的是（　　）。
    A. 生產成本 B. 應收帳款
    C. 預收帳款 D. 原材料

11. 按照借貸記帳法的記錄方法，下列帳戶中，帳戶的借方登記增加額的是（　　）。
    A. 實收資本 B. 應付職工薪酬
    C. 累計折舊 D. 所得稅費用

12. 中國《企業會計準則——基本準則》規定，企業會計採用的記帳方法是（　　）。

A. 增減記帳法　　　　　　　　B. 現金收付記帳法
　　C. 借貸記帳法　　　　　　　　D. 財產收付記帳法
13. 收回應收帳款 4,000 元存入銀行，這一業務引起會計要素變動的是（　　　）。
　　A. 資產減少、負債增加　　　　B. 資產與負債同增
　　C. 資產增加、負債減少　　　　D. 資產一增一減，總額不變
14. 不屬於損益類會計科目的是（　　　）。
　　A. 投資收益　　　　　　　　　B. 管理費用
　　C. 主營業務成本　　　　　　　D. 生產成本
15. 下列屬於損益類會計科目的是（　　　）。
　　A. 製造費用　　　　　　　　　B. 管理費用
　　C. 主營業務成本　　　　　　　D. 生產成本

二、多項選擇題

1. 設置會計科目應遵循的原則是（　　　）。
　　A. 經單位領導人批准　　　　　B. 有用性
　　C. 相關性　　　　　　　　　　D. 統一性與靈活性相結合
2. 會計帳戶結構一般應包括的內容有（　　　）。
　　A. 帳戶的名稱　　　　　　　　B. 帳戶的方向
　　C. 增加、減少的金額及余額　　D. 帳戶的使用年限
3. 借方登記本期減少的帳戶有（　　　）。
　　A. 費用類帳戶　　　　　　　　B. 負債類帳戶
　　C. 收入類帳戶　　　　　　　　D. 資產類帳戶
4. 下列會計科目中，屬於損益類科目的有（　　　）。
　　A. 預收帳款　　　　　　　　　B. 所得稅費用
　　C. 營業外收入　　　　　　　　D. 製造費用
5. 下列屬於成本類科目的是（　　　）。
　　A. 生產成本　　　　　　　　　B. 管理費用
　　C. 銷售費用　　　　　　　　　D. 製造費用
6. 借貸記帳法的優點是（　　　）。
　　A. 初學者容易理解　　　　　　B. 記帳規則科學
　　C. 對應關係清楚　　　　　　　D. 試算平衡、簡便
7. 借貸記帳法的試算平衡方法是（　　　）。
　　A. 所有帳戶的本期借方發生額之和＝所有帳戶本期貸方發生額之和
　　B. 所有資產帳戶的本期借方發生額之和＝所有負債和所有者權益本期貸方發生額
　　　　之和

C. 所有帳戶的期末借方余額之和＝所有帳戶期末貸方余額之和
D. 收入帳戶的本期發生額＝費用帳戶的本期發生額

8. 不屬於成本類科目的是（　　）。
   A. 主營業務成本　　　　　　　　B. 生產成本
   C. 製造費用　　　　　　　　　　D. 管理費用

9. 下列屬於損益類科目的是（　　）。
   A. 主營業務收入　　　　　　　　B. 主營業務成本
   C. 營業外收入　　　　　　　　　D. 營業外支出

10. 下面表述正確的是（　　）。
    A. 會計科目只是帳戶的名稱　　　B. 會計科目與帳戶是同一個概念
    C. 會計科目無結構，帳戶有結構　D. 會計科目與帳戶反應的內容相同

三、判斷題

1. 會計科目是會計要素按照具體內容進行科學分類的標誌。（　　）
2. 統一性與靈活性相結合是設置會計科目的原則之一。（　　）
3. 會計帳戶是用來分類記錄企業的交易、事項，反應各會計要素增減變動情況的一種工具。（　　）
4. 借貸記帳法的試算平衡方法有本期發生額試算平衡和差額試算平衡。（　　）
5. 在借貸記帳法下，損益類科目期末一般都無余額。（　　）
6. 帳戶的本期發生額反應的是動態指標，而期末余額反應的是靜態指標。（　　）
7. 在借貸復式記帳法下，每一項經濟業務發生，都要記入一個或一個以上的帳戶中。（　　）
8. 現代借貸記帳法中的「借」和「貸」分別是增加和減少之意。（　　）
9. 只要實現了期初余額、本期發生額、期末余額的平衡，就說明帳戶的記錄沒有錯誤了。（　　）
10. 一般而言，費用類帳戶的結構與權益類帳戶的結構相同，收入類帳戶的結構與資產類帳戶的結構相同。（　　）
11. 主營業務成本和其他業務成本都是成本類科目。（　　）
12. 損益類科目的借方記錄經濟業務的增加，貸方記錄經濟業務的減少。（　　）
13. 按損益類科目設置的帳戶為虛帳戶，期末一般無余額。（　　）
14. 按資產類、負債類、權益類和成本類科目設置的帳戶一般為實帳戶，期末一般都有余額。（　　）
15. 會計科目與會計帳戶既有聯繫又有區別，兩者的概念並不完全一樣。（　　）

四、名詞解釋

單式記帳法　復式記帳法　借貸記帳法　會計科目　會計帳戶　試算平衡

五、簡答題

1. 借貸復式記帳法的基本要點有哪些？
2. 帳戶與會計科目的關係如何？
3. 企業經濟業務一般有哪幾種類型？試舉例說明。

六、業務題

1. 把表 3-1 中的經濟業務按借貸法的記帳規則列出各要素的對應關係。

表 3-1　　　　　　　　　　　經濟業務歸類　　　　　　　　　　單位：元

業務內容	借方科目	金額	貸方科目	金額
以銀行存款購入材料 5,000 元，已入庫				
從銀行借入短期借款 10,000 元，存入銀行				
從外單位購入材料，3,000 元貨款暫欠				
將現金 1,000 元存入銀行				
收到投資者投資款 50,000 元，存入銀行				
收到外單位的固定資產投資計價 20,000 元				
以銀行存款償還應付款 2,000 元				
以現金支付廠部電話費 500 元				

2. 某企業 2015 年 5 月發生以下經濟業務：

（1）1 日收到甲投資者對企業的現金投資 500,000 元存入銀行；乙投資者對企業投資一臺設備，協商作價 200,000 元；丙投資者對企業投資一項無形資產，協商作價 300,000 元。

（2）2 日企業以銀行存款 280,000 元購入 W 公司的土地，獲得使用權。

（3）3 日企業用銀行存款從 B 公司購入一批甲材料已入庫。材料的實際成本為 150,000 元。

（4）4 日企業從 A 公司購入一批乙材料，價款 200,000 元，貨款暫欠。

（5）5 日企業從銀行借入短期借款 150,000 元，償還所欠 A 公司的購貨款。

（6）6 日企業預收 N 公司的購貨款 40,000 元存入銀行。

（7）7 日企業從銀行提取現金 50,000 元以備零用。

（8）8 日企業以銀行存款 35,000 元購入設備一臺。

（9）9 日企業向股東宣告將發放現金股利 250,000 元，股利暫時還未發放。

（10）10 日企業經其他股東同意，丙抽回其投資 100,000 元。

（11）11 日企業以銀行存款償還銀行短期借款 180,000 元。

（12）12 日經全體股東同意，將銀行借款 200,000 元轉作投資，銀行成為企業的股

束之一。

(13) 13 日生產 A 產品從材料倉庫領用甲材料 30,000 元。

(14) 14 日從銀行借入短期借款 400,000 元存入銀行。

(15) 15 日全體股東同意,將以前未分配完的利潤轉作股本 10,000 元。

將以上各項經濟業務填入表 3-2,並檢驗其平衡與否。

表 3-2　　　　　　　　　　經濟業務歸類　　　　　　　　單位:元

經濟業務	資產	=	負債	+	權益
	借(+)	貸(-)	借(-)	貸(+)	借(-)	貸(+)

參 考 答 案

一、單項選擇題

1. D　2. C　3. A　4. C　5. B　6. D　7. C　8. B　9. B　10. C　11. D　12. C　13. D
14. D　15. C

二、多項選擇題

1. BCD　2. ABC　3. BC　4. BC　5. AD　6. BCD　7. AC　8. AD　9. ABCD　10. ACD

三、判斷題

1. √ 2. √ 3. √ 4. × 5. √ 6. √ 7. × 8. × 9. × 10. × 11. × 12. ×
13. √ 14. √ 15. √

四、名詞解釋

單式記帳法是對發生的經濟業務，只通過一個帳戶進行單方面的登記，它不要求進行全面的、相互聯繫的登記。

復式記帳法是指對每筆經濟業務發生所引起的一切變化，都以相同的金額在兩個或兩個以上的帳戶中進行相互聯繫的登記。

借貸記帳法是以「借」和「貸」為記帳符號，運用復式記帳原理登記經濟業務的一種記帳方法。

會計科目是對會計要素進行分類的標誌，它是設置帳戶的直接依據。

會計帳戶是根據會計科目設置的，用來分類記錄企業會計業務內容的場所。

試算平衡是用來檢查會計人員在記帳的過程中可能會出現某些錯誤的一種方法。

五、簡答題

1. 基本要點有：第一，記帳符號是「借」和「貸」，沒有實際意義，僅僅是作為符號。第二，帳戶結構是左邊為「借」，右邊為「貸」，資產類帳戶的借方記錄增加、貸方記錄減少，余額在借方；負債、所有者權益類帳戶借方記錄減少，貸方記錄增加，余額在貸方；費用類帳戶與資產類帳戶類似，收入、利潤類帳戶與負債和權益類帳戶相似，但費用、收入和利潤類帳戶期末均無余額。

2. 帳戶是對會計要素進行分類反應的工具。帳戶與會計科目既有聯繫又有區別。它們都是用來分門別類地反應會計對象的具體內容的，但帳戶是根據會計科目設置的，會計科目只是帳戶的名稱，它只能表明科目核算的經濟內容和結構；而帳戶除了名稱外還具有一定的格式，可以對會計的具體內容進行連續、系統地記錄，以反應該帳戶所記錄經濟內容的增減變化及其結果。因此，會計科目和帳戶是相互依存、密切聯繫的，只有把會計科目和帳戶有機地結合起來，才能完成記帳的任務。

3. 如果從資產、負債、權益三個要素考查，企業經濟業務不外乎有以下九類：

（1）資產與資產交換；

（2）負債與負債交換；

（3）權益與權益交換；

（4）以負債取得資產；

（5）資產與權益同增；

（6）以資產償還負債；

(7) 放棄資產，減少權益；
(8) 增加權益，減少負債；
(9) 承擔負債，減少權益。

六、業務題

1. 答案如表 3-3 所示

表 3-3　　　　　　　　　　　　經濟業務歸類　　　　　　　　　　　　單位：元

業務內容	借方科目	金額	貸方科目	金額
以銀行存款購入材料 5,000 元，已入庫	原材料	5,000	銀行存款	5,000
從銀行借入短期借款 10,000 元，存入銀行	銀行存款	10,000	短期借款	10,000
從外單位購入材料，3,000 元貨款暫欠	原材料	3,000	應付帳款	3,000
將現金 1,000 元存入銀行	銀行存款	1,000	庫存現金	1,000
收到投資者投資款 50,000 元，存入銀行	銀行存款	50,000	實收資本	50,000
收到外單位的固定資產投資計價 20,000 元	固定資產	20,000	實收資本	20,000
以銀行存款償還應付款 2,000 元	應付帳款	2,000	銀行存款	2,000
以現金支付廠部電話費 800 元	管理費用	800	庫存現金	800

2. 答案如表 3-4 所示：

表 3-4　　　　　　　　　　　　經濟業務歸類　　　　　　　　　　　　單位：元

經濟業務	資產 借(+)	資產 貸(-)	負債 借(-)	負債 貸(+)	權益 借(-)	權益 貸(+)
(1)	500,000					500,000
	200,000					200,000
	300,000					300,000
(2)	280,000	280,000				
(3)	150,000	150,000				
(4)	200,000			200,000		
(5)			150,000	150,000		
(6)	40,000			40,000		
(7)	50,000	50,000				
(8)	35,000	35,000				
(9)				250,000	250,000	
(10)		100,000			100,000	

表3-4(續)

經濟業務	資產 借(+)	資產 貸(-)	負債 借(-)	負債 貸(+)	權益 借(-)	權益 貸(+)
(11)		180,000	180,000			
(12)		200,000				200,000
(13)	30,000	30,000				
(14)	400,000			400,000		
(15)				100,000		100,000
合計	2,185,000	825,000	530,000	1,040,000	450,000	1,300,000
	1,360,000	=	510,000	+	850,000	

第四章　會計循環（上）

學習重點及難點

一、會計循環的內容

會計循環是指企業會計人員根據日常經濟業務，按照《企業會計準則》的要求，採取專門的會計方法，將零散、複雜的會計資料加工成滿足會計信息使用者需要的信息的處理過程。

會計循環是會計人員在某一會計期間內從取得經濟業務的資料到編製財務報表所進行的會計處理程序和步驟。一個完整的會計循環一般包括以下步驟：

（1）編製會計分錄。
（2）過帳。
（3）試算平衡。
（4）調帳。
（5）編製報表。
（6）結帳。

二、會計事項

會計事項也叫交易事項或經濟業務。會計人員需要處理的不是企業發生的所有事項，而僅僅是交易事項，即會計事項。會計事項的特點如下：

（1）能夠以貨幣計量的經濟事項。
（2）能引起企業（會計主體）資產、負債、權益、收入、費用、利潤增減變動的經濟事項。

三、會計分錄

會計分錄是會計人員根據企業經濟業務發生所取得的審核無誤的原始憑證，按照複式記帳規則，指明應借、應貸會計科目及其金額的一種記錄。

會計分錄可分為簡單會計分錄和複合會計分錄。簡單會計分錄是指會計事項發生只需要在兩個帳戶中進行反應的記錄；複合會計分錄是指會計事項發生需要在兩個以上的帳戶中進行反應的記錄。

四、過帳

過帳也稱為登記帳簿，是根據編製的記帳憑證（會計分錄）分別登記到各有關帳簿的過程。過帳包括過入日記帳和過入分類帳。過入日記帳主要指根據有關收款憑證、付款憑證登記現金日記帳和銀行存款日記帳。過入分類帳主要指根據有關記帳憑證登記總分類帳和明細分類帳。

總分類帳是按照一級科目設置，提供總括資料的分類帳；明細分類帳是按照二級科目或明細科目設置，提供詳細資料的分類帳。

總分類帳戶是其所屬明細分類帳戶的綜合帳戶，對所屬明細分類帳戶起著統馭作用，提供總括指標。明細分類帳戶是有關總分類帳戶指標的具體化和必要補充，對有關總分類帳戶起著輔助和補充作用，提供詳細指標。

總分類帳戶和明細分類帳戶平行過帳的要點有三個：
（1）同時過入。
（2）方向相同。
（3）金額相等。

五、試算平衡

試算平衡是根據會計的平衡原理或會計等式來檢查會計記錄和過帳是否有錯誤的過程。試算結果如果不平衡，說明會計記錄和過帳中存在錯誤，應進一步查明原因。如果試算結果平衡了，只能表明會計記錄和過帳基本正確，並不能說明會計記錄和過帳沒有問題。因為可能存在漏記，重記，借、貸方向多記相等金額或少記相等金額，只是借方記錯了帳戶或只是貸方記錯了帳戶等。這些問題不能通過試算平衡發現。

練 習 題

一、單項選擇題

1. 下列錯誤能夠通過試算平衡查找的是（　　）。
　　A. 重記經濟業務　　　　　　B. 借貸方向相反
　　C. 漏記經濟業務　　　　　　D. 借貸金額不等
2. 經濟業務發生僅涉及負債這一會計要素時，兩個負債項目將會（　　）變動。
　　A. 同減　　　　　　　　　　B. 一增一減
　　C. 同增　　　　　　　　　　D. 無變化
3. 存在對應關係的帳戶稱為（　　）。
　　A. 平衡帳戶　　　　　　　　B. 對應帳戶
　　C. 無聯繫帳戶　　　　　　　D. 恒等帳戶

4. 在交易、事項處理過程中，會形成帳戶的對應關係，這種關係是指（　　）。
   A. 總分類帳戶與總分類帳戶之間的關係
   B. 總分類帳戶與明細分類帳戶之間的關係
   C. 總分類科目與總分類科目之間的關係
   D. 有關帳戶之間的應借應貸關係
5. 一個會計期間依次繼起的會計工作的程序或步驟是（　　）。
   A. 會計方法　　　　　　　　B. 會計循環
   C. 會計調整　　　　　　　　D. 會計核算
6. 早期的會計分錄是在分錄簿中進行的，現在的會計分錄是通過（　　）進行的。
   A. 帳簿　　　　　　　　　　B. 原始憑證
   C. 記帳憑證　　　　　　　　D. 會計報表
7. 根據會計分錄，從記帳憑證轉記入分類帳戶的工作為（　　）。
   A. 帳項調整　　　　　　　　B. 結帳
   C. 轉帳　　　　　　　　　　D. 過帳或登帳
8. 下列屬於會計循環某一環節的是（　　）。
   A. 會計方法　　　　　　　　B. 過入分類帳
   C. 會計分錄　　　　　　　　D. 會計核算
9. 涉及一借一貸的會計分錄是（　　）。
   A. 單式會計分錄　　　　　　B. 簡單會計分錄
   C. 複合會計分錄　　　　　　D. 多個會計分錄
10. 不屬於總帳與明細帳登記的要點的是（　　）。
    A. 平行登記　　　　　　　　B. 金額相等
    C. 方向相同　　　　　　　　D. 先登記總帳后登記明細帳

二、多項選擇題
1. 會計循環包括的內容是（　　）。
   A. 設置帳戶　　　　　　　　B. 編製會計分錄、過帳、調帳、結帳
   C. 試算平衡　　　　　　　　D. 編製會計報表
2. 屬於企業會計事項的是（　　）。
   A. 簽訂購貨合同　　　　　　B. 實現銷售收入
   C. 支付職工工資　　　　　　D. 考核職工上班情況
3. 運用平行過帳登記總帳和明細帳時，必須做到（　　）。
   A. 登記的方向一致　　　　　B. 登記的詳細程度一樣
   C. 登記的金額相等　　　　　D. 登記的時間相同
4. 編製會計分錄的載體可以是（　　）。

A. 帳簿　　　　　　　　　　　B. 分錄簿
　　C. 記帳憑證　　　　　　　　　D. 會計報表
5. 通過試算平衡不能查找的差錯有（　　）。
　　A. 重記經濟業務　　　　　　　B. 漏記經濟業務
　　C. 借貸方向正好記反　　　　　D. 借貸金額記錄不一致
6. 在借貸記帳法下，試算平衡的方法有（　　）。
　　A. 差額試算平衡　　　　　　　B. 期末余額試算平衡
　　C. 總額試算平衡　　　　　　　D. 本期發生額試算平衡
7. 下列屬於複合會計分錄的是（　　）。
　　A. 一借一貸　　　　　　　　　B. 一借多貸
　　C. 多借一貸　　　　　　　　　D. 多借多貸
8. 總帳與明細帳的關係是（　　）。
　　A. 所有總帳的余額之和等於所有明細帳的余額之和
　　B. 各總帳的余額等於其所屬明細帳的余額之和
　　C. 總帳反應總括資料，明細帳反應明細資料
　　D. 總帳起著統馭作用，明細帳起著補充說明作用
9. 根據權責發生制的要求設置的帳戶是（　　）。
　　A. 預收帳款　　　　　　　　　B. 預付帳款
　　C. 庫存現金　　　　　　　　　D. 應收帳款
10. 收付實現制不需要設置的帳戶是（　　）。
　　A. 主營業務收入　　　　　　　B. 預付帳款
　　C. 應收帳款　　　　　　　　　D. 應付帳款

三、判斷題

1. 會計循環是會計人員在某一會計期間內，從取得經濟業務的資料到編製會計報表所進行的會計處理程序、步驟或過程。　　　　　　　　　　　　　　（　　）
2. 只有引起企業六個會計要素增減變動的事項，才是會計事項，會計人員應對其進行會計處理。　　　　　　　　　　　　　　　　　　　　　　　　　（　　）
3. 簡單會計分錄只記錄在一個帳戶中，複合會計分錄要記入兩個帳戶中。（　　）
4. 單式記帳法編製簡單會計分錄，復式記帳法編製複合會計分錄。　　（　　）
5. 複合分錄可以分解為幾個簡單分錄，幾個簡單分錄可以合併為一個複合分錄。
　　　　　　　　　　　　　　　　　　　　　　　　　　　　　　　　（　　）
6. 根據帳戶記錄編製試算平衡表以後，如果所有帳戶的借方發生額同所有帳戶的貸方發生額相等，則說明帳戶記錄一定是正確的。　　　　　　　　　　（　　）
7. 所有總帳的期末余額之和必定等於所有明細帳期末余額之和。　　　（　　）

8. 總帳和明細帳的同時登記是指要兩個或兩個以上的會計人員在同一時刻分別登記總帳和明細帳。（ ）

9. 過帳是指經濟業務發生後編製會計分錄然後過入分類帳的過程。（ ）

10. 權責發生制和收付實現制都需要設置「待攤費用」與「預提費用」帳戶。（ ）

四、名詞解釋

會計循環　會計分錄　會計事項

五、簡答題

1. 會計循環的內容有哪些？
2. 什麼是總帳和明細帳？二者的關係如何？
3. 試算平衡方法有幾種？試算平衡方法的作用是什麼？有何不足之處？

六、業務題

A 企業有關帳戶期初余額如下：

(1)「原材料」總帳余額　　借方　　100,000 元

其中：甲材料　　20 千克　　單價　500 元　　金額　10,000 元
　　　乙材料　　2,000 千克　　單價　10 元　　金額　20,000 元
　　　丙材料　　1,000 千克　　單價　70 元　　金額　70,000 元

(2)「應付帳款」總額余額　　貸方　　20,000 元

其中：紅星廠　　6,000 元
　　　風華公司　　14,000 元

(3) 其他總帳余額為：「庫存現金」2,000 元，「銀行存款」380,000 元，「應收帳款」4,000 元（東風廠），「庫存商品」20,000 元，「生產成本」30,000 元，「固定資產」200,000 元，「累計折舊」40,000 元，「實收資本」616,000 元，「資本公積」24,000 元，「短期借款」36,000 元。

本月發生下列經濟業務（不考慮增值稅）：

(1) 向紅星廠購入甲材料 40 千克，單價 500 元；乙材料 4,000 千克，單價 10 元；合計貨款 60,000 元，貨款暫欠，材料已驗收入庫。

(2) 從銀行取得短期借款 30,000 元，償還紅星廠欠款 20,000 元，償還風華公司欠款 10,000 元。

(3) 生產用甲材料 15 千克，乙材料 1,500 千克，丙材料 300 千克。

(4) 從風華公司購入乙材料 2,000 千克，單價 10 元；丙材料 1,000 千克，單價 70 元；合計貨款 90,000 元，貨款以銀行存款支付，材料已驗收入庫。

(5) 以存款償還風華公司欠款 2,000 元，償還紅星廠欠款 10,000 元。
(6) 收到東風廠上月所欠購貨款 2,000 元存入銀行。

根據以上資料，編製會計分錄，過入總分類帳和明細分類帳並編製發生額及余額試算平衡表。

參考答案

一、單項選擇題
1. D 2. B 3. B 4. D 5. B 6. C 7. D 8. B 9. B 10. D

二、多項選擇題
1. BCD 2. BC 3. ACD 4. BC 5. ABC 6. BD 7. BCD 8. BCD 9. ABD
10. BCD

三、判斷題
1. √ 2. √ 3. × 4. × 5. × 6. × 7. × 8. × 9. √ 10. ×

四、名詞解釋

會計循環是指企業會計人員根據日常經濟業務，按照會計準則的要求，採取專門的會計方法，將零散、複雜的會計資料加工成滿足會計信息使用者需要的信息的處理過程。

會計分錄是會計人員根據企業經濟業務發生所取得的審核無誤的原始憑證，按照復式記帳規則，指明應借、應貸會計科目及其金額的一種記錄。

會計事項也叫交易事項或經濟業務。會計人員需要處理的不是企業發生的所有事項，而僅僅指交易事項，即會計事項。

五、簡答題

1. 會計循環是會計人員在某一會計期間內，從取得經濟業務的資料到編製財務報表所進行的會計處理程序和步驟。一個完整的會計循環一般包括如下六個步驟：

(1) 編製會計分錄。根據經濟業務發生時所取得的原始憑證，經過審核無誤后，按復式記帳原理編製記帳憑證（會計分錄）。

(2) 過帳。根據所編製的記帳憑證或匯總記帳憑證分別過入日記帳、總分類帳和明細分類帳。

(3) 試算平衡。定期對所記錄的經濟業務結果進行測算，檢查其帳戶記錄的正確性。

（4）調帳。月末根據權責發生制的要求，編製調整會計分錄。
（5）結帳。期末對損益類帳戶進行結算，編製結帳會計分錄，確定損益。
（6）編製會計報表。定期編製反應企業財務狀況、經營成果及現金流量的報表。

2. 總分類帳是按照一級科目設置，提供總括資料的分類帳；明細分類帳是按照二級科目或明細科目設置，提供詳細資料的分類帳。總分類帳戶是其所屬明細分類帳戶的綜合帳戶，對所屬明細分類帳戶起著統馭作用；明細分類帳戶是有關總分類帳戶指標的具體化和必要補充，對有關總分類帳戶起著輔助和補充作用。明細分類帳戶是有關總分類帳戶的從屬帳戶。總分類帳戶和明細分類帳戶都是根據同一會計事項，為說明同一經濟指標，相互補充地提供既總括綜合又詳細具體的會計信息。

3. 試算平衡一般採用兩種方法。
本期發生額試算平衡：

$$所有帳戶本期借方發生額之和 = 所有帳戶本期貸方發生額之和$$

期末余額試算平衡：

$$資產帳戶的期末余額之和 = 負債、所有者權益帳戶貸方余額之和$$

試算平衡的主要作用如下：
（1）試算平衡表可以用來檢查分類帳的過帳工作和記錄情況是否正確和完備。
（2）試算平衡表所匯列的資料，為會計人員定期編製財務報表提供方便。

如果試算結果平衡了，只能說明過帳和會計記錄基本上是正確的，而不能保證過帳和記錄完美無缺，因為借貸雙方平衡只能表示分類帳戶的借貸雙方曾經記入了相等的金額。但是，記入的金額即使相等，也不一定就是正確、完整的記錄。有許多錯誤對於借貸雙方平衡並不產生影響，因而就不能通過試算平衡來發現。

六、業務題

1. 編製會計分錄如下：
（1）借：原材料——甲材料　　　　　　　　　　　　　　　20,000
　　　　　　　　——乙材料　　　　　　　　　　　　　　　40,000
　　　貸：應付帳款——紅星廠　　　　　　　　　　　　　　60,000
（2）借：應付帳款——紅星廠　　　　　　　　　　　　　　20,000
　　　　　　　　　——風華公司　　　　　　　　　　　　　10,000
　　　貸：短期借款　　　　　　　　　　　　　　　　　　　30,000
（3）借：生產成本　　　　　　　　　　　　　　　　　　　43,500
　　　貸：原材料——甲材料　　　　　　　　　　　　　　　7,500
　　　　　　　　——乙材料　　　　　　　　　　　　　　　15,000
　　　　　　　　——丙材料　　　　　　　　　　　　　　　21,000

（4）借：原材料——乙材料　　　　　　　　　　　　　　　　　20,000
　　　　　　　　——丙材料　　　　　　　　　　　　　　　　　70,000
　　　　貸：銀行存款　　　　　　　　　　　　　　　　　　　　90,000
（5）借：應付帳款——風華公司　　　　　　　　　　　　　　　 2,000
　　　　　　　　——紅星廠　　　　　　　　　　　　　　　　　10,000
　　　　貸：銀行存款　　　　　　　　　　　　　　　　　　　　12,000
（6）借：銀行存款　　　　　　　　　　　　　　　　　　　　　 2,000
　　　　貸：應收帳款——東風廠　　　　　　　　　　　　　　　 2,000

2. 總分類帳如下：

借	原材料	貸		借	庫存現金	貸
期初餘額	100,000			期初餘額	2,000	
①	60,000	③	43,500			
④	90,000					
發生額	150,000	發生額	43,500	發生額	—	發生額	—
期末餘額	206,500			期末餘額	2,000	

借	銀行存款	貸		借	應收帳款	貸
期初餘額	380,000			期初餘額	4,000	
⑥	2,000	④	90,000			⑥	2,000
		⑤	12,000				
發生額	2,000	發生額	102,000	發生額	—	發生額	2,000
期末餘額	280,000			期末餘額	2,000	

借	庫存商品	貸		借	生產成本	貸
期初餘額	20,000			期初餘額	30,000	
				③	43,500		
發生額	—	發生額	—	發生額	43,500	發生額	—
期末餘額	20,000			期末餘額	73,500	

借	固定資產	貸		借	累計折舊	貸
期初餘額	200,000					期初餘額	40,000
發生額	—	發生額	—	發生額	—	發生額	—
期末餘額	200,000					期末餘額	40,000

借	實收資本	貸		借	資本公積	貸
	期初餘額	616,000			期初餘額	24,000
發生額 —	發生額	—		發生額 —	發生額	—
	期末餘額	616,000			期末餘額	24,000

借	短期借款	貸		借	應付帳款	貸
	期初餘額	36,000			期初餘額	20,000
	②	30,000		② 30,000	①	60,000
				⑤ 12,000		
發生額 —	發生額	30,000		發生額 42,000	發生額	60,000
	期末餘額	66,000			期末餘額	38,000

3. 明細分類帳如表 4-1~表 4-6 所示。

表 4-1　　　　　　　　　　原材料明細分類帳　甲材料

摘要	收入			發出			結存		
	數量(千克)	單價(元)	金額(元)	數量(千克)	單價(元)	金額(元)	數量(千克)	單價(元)	金額(元)
期初結存							20	500	10,000
購入材料	40	500	20,000				60	500	30,000
生產領用				15	500	7,500	45	500	22,500
本期發生額及餘額	40	500	20,000	15	500	7,500	45	500	22,500

表 4-2　　　　　　　　　　原材料明細分類帳　乙材料

摘要	收入			發出			結存		
	數量(千克)	單價(元)	金額(元)	數量(千克)	單價(元)	金額(元)	數量(千克)	單價(元)	金額(元)
期初結存							2,000	10	20,000
購入材料	4,000	10	40,000				6,000	10	60,000
生產領用				1,500	10	15,000	4,500	10	45,000
購入材料	2,000	10	20,000				6,500	10	65,000
本期發生額及餘額	6,000	10	60,000	1,500	10	15,000	6,500	10	65,000

表 4-3　　　　　　　　　　　原材料明細分類帳　丙材料

摘要	收入 數量(千克)	收入 單價(元)	收入 金額(元)	發出 數量(千克)	發出 單價(元)	發出 金額(元)	結存 數量(千克)	結存 單價(元)	結存 金額(元)
期初結存							1,000	70	70,000
生產領用				300	70	21,000	700	70	49,000
購入材料	1,000	70	70,000				1,700	70	119,000
本期發生額及餘額	1,000	70	70,000	300	70	21,000	1,700	70	119,000

表 4-4　　　　　　　　應付帳款明細帳　紅星廠　　　　　　　　單位：元

摘要	借方金額	貸方金額	借或貸	餘額
期初結存			貸	6,000
購料欠款		60,000	貸	66,000
償還欠款	20,000		貸	46,000
償還欠款	10,000		貸	36,000
本期發生額及餘額	30,000	60,000	貸	36,000

表 4-5　　　　　　　　應付帳款明細帳　風華公司　　　　　　　單位：元

摘要	借方金額	貸方金額	借或貸	餘額
期初結存			貸	14,000
償還欠款	10,000		貸	4,000
償還欠款	2,000		貸	2,000
本期發生額及餘額	12,000		貸	2,000

表 4-6　　　　　　　　應收帳款明細帳　東風廠　　　　　　　　單位：元

摘要	借方金額	貸方金額	借或貸	餘額
期初結存			借	4,000
收回應收帳款		2,000		
本期發生額及餘額			借	2,000

4. 發生額及余額試算平衡表如表 4-7 和表 4-8 所示。

表 4-7　　　　　　　　　　　本期發生額試算平衡表　　　　　　　　單位：元

帳戶名稱	借方發生額	貸方發生額
原材料	150,000	43,500
銀行存款	2,000	102,000
應收帳款		2,000
生產成本	43,500	
應付帳款	42,000	60,000
短期借款		30,000
合計	237,500	237,500

表 4-8　　　　　　　　　　　　余額試算平衡表　　　　　　　　　　單位：元

帳戶名稱	借方發生額	貸方發生額
原材料	206,500	
庫存現金	2,000	
銀行存款	280,000	
應收帳款	2,000	
庫存商品	20,000	
生產成本	73,500	
固定資產	200,000	
累計折舊		40,000
實收資本		616,000
資本公積		24,000
短期借款		66,000
應付帳款		38,000
合計	784,000	784,000

第五章　會計循環（下）

學習重點及難點

一、調帳

（一）調帳的概念及內容

調帳是企業根據權責發生制的要求，在編製會計報表之前，對有關帳項進行適當的調整。

企業在會計期間終了時所需調整的帳項，一般有以下四類：

(1) 應計收入的調整。
(2) 應計費用的調整。
(3) 預收收入的調整。
(4) 預付費用的調整。

（二）會計基礎

會計基礎是指企業會計人員確認和編報一定會計期間的收入和費用等會計事項的基本原則和方法。會計基礎有兩種，即收付實現制和權責發生制。

(1) 收付實現制。收付實現制又稱實收實付制或現金制。收付實現制是按照是否在本期已經收到或支付貨幣資金為標準來確定本期收入和費用的一種會計基礎。

(2) 權責發生制。權責發生制又稱應收應付制或應計制。權責發生制是以應收應付（是否應該屬於本期，而不管是否收到或支付貨幣資金）為標準來確定本期收入和費用的一種會計基礎。

（三）應計收入的調整

應計收入是指那些在會計期間終了時已經獲得或實現但尚未收到款項和未入帳的經營收入。比如應收出租包裝物收入、應收企業長期投資或短期投資收入以及應收銀行存款利息收入和應收出租固定資產收入等。月末編製調整分錄時，一方面形成應收債權資產的增加，在資產負債表中反應資產的增加；另一方面確認本期的營業收入，在利潤表中反應收入的增加。

【例5-1】A公司出租一臺設備給B公司，協議規定，每月租金為500元，半年支付一次。A公司1月終雖未收到款項，但已提供了出租資產給B公司使用，應確認收入，應編製調整分錄如下：

借：其他應收款（增加資產影響資產負債表）　　　　　　　　　　　　500
　　貸：主營業務收入（增加收入影響利潤表）　　　　　　　　　　　　500

（四）應計費用的調整

應計費用是指本期已經發生或已經受益，按受益原則應由本期負擔，但由於尚未實際支付，而還沒有入帳的費用。

編製應計費用調整分錄時，一方面確認本期應承擔的費用，在利潤表中的費用項目中增加費用，另一方面形成一項尚未支付款項的負債，在資產負債表的負債項目增加負債。

【例5-2】A公司從銀行借了一筆短期借款50,000元，月利率4%，按季支付利息。A公司1月雖未實際支付利息款項，但已經受益，應確認1月末的財務費用並形成一項尚未支付的負債，應編製調查分錄如下：

借：財務費用（增加費用影響利潤表）　　　　　　　　　　　　　　2,000
　　貸：應付利息（增加負債影響資產負債表）　　　　　　　　　　　　2,000

（五）預收收入的調整

預收收入在會計上稱為遞延收入。預收收入是指已經收到款項入帳但不應該歸屬於本期，而應於以後提供產品或勞務的會計期間才能獲得（確認）的各項收入，如預收帳款、預收出租包裝物租金、預收出租固定資產租金等。

編製預收收入的調整分錄時，一方面抵減已形成的負債，在資產負債表的負債項目中減少負債，另一方面確認收入，在利潤表的收入項目增加主營業務收入。

【例5-3】A公司為B公司提供一項勞務，需要3個月才能完成，全部款項9,000元，但協議規定，提供勞務之前，B公司應預付全部款項9,000元。

A公司收到B公司的預付款時，形成了一項負債（這不是調整分錄），編製會計分錄如下：

借：銀行存款　　　　　　　　　　　　　　　　　　　　　　　　9,000
　　貸：預收帳款（預收收入）　　　　　　　　　　　　　　　　　　9,000

1月末，確認9,000元中的1/3的收入，編製預收收入的調整分錄如下：

借：預收帳款（減少負債影響資產負債表）　　　　　　　　　　　　3,000
　　貸：主營業務收入（增加收入影響利潤表）　　　　　　　　　　　3,000

A公司編製調整分錄，「預收帳款」帳戶尚有貸方余額6,000元，應在未來兩個月提供勞務清償債務。

（六）預付費用的調整

預付費用也稱為待攤費用或遞延費用。預付費用是指預先已經支付應由本期和以後各期負擔的費用。

【例5-4】A公司1月份支付全年保險費用12,000元。這12,000元並不能作為1月份的費用處理，因為此費用支付後，其受益為全年，因此本月只需要負擔1/12。

A公司支付保險費用時不形成費用，而形成一項資產（這不是調整分錄），A公司1月末編製會計分錄如下：

借：管理費用　　　　　　　　　　　　　　　　　　　　　　　12,000
　　貸：銀行存款　　　　　　　　　　　　　　　　　　　　　　12,000

與預付費用調整分錄類似的有計提固定資產折舊、無形資產攤銷、提取各項減值準備、計算並結轉成本等。其主要特點是一方面增加本期費用，另一方面減少資產。

總之，調整分錄不會涉及庫存現金、銀行存款等貨幣資金，並且一方會影響資產負債表項目變動，另一方會影響利潤表項目變動。

二、對帳和結帳

（一）對帳

對帳是指在會計循環過程中，將企業會計帳簿記錄與企業財產物資以及其他單位的會計帳簿記錄所進行的核對工作。

對帳的內容包括帳證核對、帳帳核對、帳實核對、帳表核對。

（二）結帳

結帳是在年度終了時，分別計算各帳戶的發生額合計或余額，然後結平或轉至下期，在記載上告一段落。

損益類帳戶（虛帳戶）的結帳是將各損益類帳戶編製結帳分錄，將其本期發生額合計從其相反的方向結平，轉入「本年利潤」匯總計算出本年的利潤總額、所得稅費用和淨利潤，最終將淨利潤轉入「利潤分配——未分配利潤」帳戶（權益帳戶）。

將所有收入從其借方轉入「本年利潤」帳戶的貸方，編製收入帳戶的調整分錄如下：

借：有關收入
　　貸：本年利潤

將所有成本費用帳戶從其貸方轉入「本年利潤」帳戶的借方，編製成本費用帳戶的調整分錄如下：

借：本年利潤
　　貸：各成本費用

將「本年利潤」帳戶的差額轉入利潤分配，編製會計分錄如下：

借：本年利潤
　　貸：利潤分配——未分配利潤

對於實帳戶，即資產、負債、權益類帳戶的結帳，是將其期末余額直接轉記入各帳戶的下年度帳頁中，不需要編製結帳會計分錄。

練習題

一、單項選擇題

1. 將各損益帳轉平的會計分錄是（　　）。
   A. 結帳分錄　　　　　　　　　B. 複合分錄
   C. 調帳分錄　　　　　　　　　D. 簡單分錄

2. 下列屬於應計收入調整分錄的是（　　）。
   A. 借：庫存現金　　　　　　　B. 借：應收利息
   　　貸：其他應收款　　　　　　　　貸：利息收入
   C. 借：銀行存款　　　　　　　D. 借：主營業務收入
   　　貸：主營業務收入　　　　　　　貸：庫存現金

3. 根據權責發生制的要求，需要設置的帳戶是（　　）。
   A. 預收帳款　　　　　　　　　B. 庫存現金
   C. 主營業務收入　　　　　　　D. 管理費用

4. 月初企業支付6個月的保險費用6,000元，在權責發生制下，應計入每個月的費用是（　　）。
   A. 6,000元　　　　　　　　　　B. 1,000元
   C. 500元　　　　　　　　　　　D. 3,000元

5. 下列屬於應計費用調整分錄的是（　　）。
   A. 借：財務費用　　　　　　　B. 借：預提費用
   　　貸：應付利息　　　　　　　　　貸：銀行存款
   C. 借：待攤費用　　　　　　　D. 借：管理費用
   　　貸：銀行存款　　　　　　　　　貸：庫存現金

6. 下列屬於預付費用調整分錄的是（　　）。
   A. 借：管理費用　　　　　　　B. 借：預提費用
   　　貸：應付職工薪酬　　　　　　　貸：銀行存款
   C. 借：待攤費用　　　　　　　D. 借：管理費用
   　　貸：銀行存款　　　　　　　　　貸：預付帳款——待攤費用

7. 下列屬於成本分攤調整分錄的是（　　）。
   A. 借：管理費用　　　　　　　B. 借：長期待攤費用
   　　貸：累計折舊　　　　　　　　　貸：銀行存款
   C. 借：預付帳款　　　　　　　D. 借：管理費用
   　　貸：銀行存款　　　　　　　　　貸：庫存現金

8. 下列屬於預收收入調整分錄的是（　　）。

A. 借：銀行存款　　　　　　　　B. 借：預收帳款
　　貸：預收帳款　　　　　　　　　貸：主營業務收入
C. 借：銀行存款　　　　　　　　D. 借：原材料
　　貸：應收帳款　　　　　　　　　貸：應付帳款

二、多項選擇題

1. 下列屬於預付費用或成本分攤調整分錄的是（　　）。
   A. 借：管理費用　　　　　　　　B. 借：管理費用
   　　貸：應付職工薪酬　　　　　　　貸：累計攤銷
   C. 借：預付帳款　　　　　　　　D. 借：管理費用
   　　貸：銀行存款　　　　　　　　　貸：預付帳款——待攤費用

2. 下列屬於應計收入調整分錄的是（　　）。
   A. 借：應收利息　　　　　　　　B. 借：銀行存款
   　　貸：利息收入（財務費用）　　　貸：主營業務收入
   C. 借：其他應收款　　　　　　　D. 借：預收帳款
   　　貸：主營業務收入　　　　　　　貸：主營業務收入

3. 根據權責發生制的要求，需要設置的帳戶是（　　）。
   A. 應收帳款　　　　　　　　　　B. 應付帳款
   C. 預收帳款　　　　　　　　　　D. 製造費用

4. 根據權責發生制的要求，需要設置的帳戶是（　　）。
   A. 預付帳款　　　　　　　　　　B. 預收帳款
   C. 預付帳款——待攤費用　　　　D. 管理費用

5. 根據權責發生制的要求，需要設置的帳戶是（　　）。
   A. 應收帳款　　　　　　　　　　B. 應付職工薪酬
   C. 應交稅費　　　　　　　　　　D. 財務費用

6. 下列屬於結帳分錄的是（　　）。
   A. 借：所得稅費用　　　　　　　B. 借：本年利潤
   　　貸：應交稅費　　　　　　　　　貸：所得稅費用
   C. 借：本年利潤　　　　　　　　D. 借：主營業務收入
   　　貸：管理費用　　　　　　　　　貸：本年利潤

7. 下列屬於結帳分錄的是（　　）。
   A. 借：本年利潤　　　　　　　　B. 借：投資收益
   　　貸：主營業務成本　　　　　　　貸：本年利潤
   C. 借：本年利潤　　　　　　　　D. 借：原材料
   　　貸：利潤分配　　　　　　　　　貸：應付帳款

8. 不需要編製會計分錄的結帳是（　　）。
   A. 生產成本　　　　　　　　B. 主營業務收入
   C. 財務費用　　　　　　　　D. 固定資產

三、判斷題

1. 調整會計分錄的特點是一方面影響資產負債表項目的變動，另一方面影響利潤表項目的變動。（　）
2. 調整會計分錄不會涉及庫存現金和銀行存款。（　）
3. 調整會計分錄一般都是在期末編製，平時不編製。（　）
4. 損益類帳戶為虛帳戶，結帳后期末一般無余額；其他類帳戶為實帳戶，期末結帳后仍有余額。（　）
5. 虛帳戶和實帳戶期末結帳時，都需要編製結帳會計分錄。（　）
6. 應計收入的調整會引起收入的增加，負債的減少。（　）
7. 應計費用的調整會引起費用的增加，負債的增加。（　）
8. 預收收入的調整會引起收入的增加，負債的減少。（　）
9. 預付費用的調整會引起費用的增加，負債的減少。（　）
10. 應計收入的調整會引起收入的增加，資產的增加。（　）

四、名詞解釋

權責發生制　　收付實現制　　調帳　　結帳

五、簡答題

1. 為什麼要調帳？企業有哪些調帳業務？
2. 會計基礎有哪兩種？兩者的區別有哪些？

六、業務題

1. 請根據某企業以下資料編製會計分錄（不考慮增值稅）：
（1）李廠長出差借支 1,000 元，出納以現金支付。
（2）從銀行借入短期借款 100,000 元存入銀行。
（3）出納開出現金支票從銀行提取現金 2,000 元以備零用。
（4）行政管理人員張三回廠報銷差旅費 800 元，出納以現金支付。
（5）李廠長回廠報銷差旅費 600 元，余款 400 元交回現金。
（6）李明持銀行轉帳支票去市內紅星廠購回材料 15,000 元，材料已入庫。
（7）企業銷售產品一批給 M 公司，貨款 80,000 元，60,000 元收回存入銀行，余款對方暫欠。

（8）以銀行存款支付廣告費 5,000 元。

（9）收到 W 公司上月購貨欠款 2,000 元存入銀行。

（10）以銀行存款 20,000 元購回計算機兩臺。

（11）以銀行存款支付本月銀行借款利息支出 800 元（已預提）。

（12）以銀行存款 2,400 元預付全年報刊費。

2. 請根據某企業以下資料編製會計分錄，並說明哪些為調整分錄：

（1）月底調整（確認）應計入本期的出租包裝物租金收入 2,000 元，款未收到。

（2）預提本月銀行借款利息 1,000 元。

（3）以銀行存款支付已計提的 3 個月短期借款利息 3,000 元。

（4）提取職工福利費 5,000 元，其中生產工人 3,000 元，車間管理人員 800 元，廠部管理人員 1,200 元。

（5）預收勞務貨款 10,000 元存入銀行。

（6）月底確認預收勞務收入 2,500 元。

（7）以銀行存款預付全年報刊費 600 元。

（8）以銀行存款預付全年房屋租金 12,000 元。

（9）計提本月固定資產折舊費 5,000 元，其中車間使用固定資產折舊費 4,000 元，管理部門使用固定資產折舊費 1,000 元。

（10）該企業從本期開始計提壞帳準備，本年末應收帳款餘額 100,000 元，按 5%提取壞帳準備。

參 考 答 案

一、單項選擇題

1. A 2. B 3. A 4. B 5. A 6. D 7. A 8. B

二、多項選擇題

1. BD 2. AC 3. ABC 4. ABC 5. ABC 6. BCD 7. ABC 8. AD

三、判斷題

1. √ 2. √ 3. √ 4. √ 5. × 6. × 7. √ 8. √ 9. × 10. √

四、名詞解釋

權責發生制是以應收應付（是否應該屬於本期）為標準來確定本期收入和費用的一種會計基礎。

收付實現制是按照是否在本期已經收到貨幣資金（庫存現金、銀行存款）為標準來

確定本期收入和費用的一種會計基礎。

調帳是指根據權責發生制的要求，於期末對一些帳項進行適當和必要的調整。

結帳指在年度終了，分別計算各帳戶的發生額和餘額，然後結平借貸雙方或結轉下期，在記載上告一段落。

五、簡答題

1. 企業在編製財務報表之前，必須考慮某一會計期間已經實現的收入和已經發生的費用是否都已入帳，或者雖已入帳，是否都屬於本期的經營收入和經營費用。根據權責發生制的要求，為了正確確定某一會計期間的經營成果，為會計信息使用者提供有用的會計信息，在編製財務報表之前，應就一些有關帳項進行適當或必要的調整。企業在會計期間終了時所需調整的帳項，一般有以下四類：

(1) 應收收入的調整。
(2) 預收收入的調整。
(3) 應計費用的調整。
(4) 預付費用和成本分攤的調整。

2. 會計基礎是指企業會計人員確認和編報一定會計期間的收入和費用等會計事項的基本原則和方法。會計基礎有兩種，即收付實現制和權責發生制。

收付實現制是按照是否在本期已經收到貨幣資金（庫存現金、銀行存款）為標準來確定本期收入和費用的一種會計基礎。只要收到了貨幣款項，就確認收入，不管是否應該確認；只要付了貨幣款項就確認為費用，不管是否應該確認。

權責發生制是以應收應付（是否應該屬於本期）為標準來確定本期收入和費用的一種會計基礎。只要屬於本期的收入，不管是否收到貨幣款項，都應確認為本期收入；只要屬於本期的費用，不管是否支付了貨幣款項，都應確認為本期的費用。採用權責發生制能夠正確確定各期的損益。

收付實現制和權責發生制的根本區別在於收入和費用的確認（入帳）時間不同；前者以收入或費用的收到或支付貨幣資金的時間作為確認（入帳）標準；後者則以收入或費用的實現（賺得）或發生的時間作為確認（入帳）標準。

六、業務題

1. 會計分錄編製如下：

(1) 借：其他應收款——李廠長　　　　　　　　　　1,000
　　　貸：庫存現金　　　　　　　　　　　　　　　　1,000
(2) 借：銀行存款　　　　　　　　　　　　　　　100,000
　　　貸：短期借款　　　　　　　　　　　　　　　100,000
(3) 借：庫存現金　　　　　　　　　　　　　　　　2,000

    貸：銀行存款   2,000
（4）借：管理費用   800
    貸：庫存現金   800
（5）借：管理費用   600
      庫存現金   400
    貸：其他應收款——李廠長   1,000
（6）借：原材料   15,000
    貸：銀行存款   15,000
（7）借：銀行存款   60,000
      應收帳款——M公司   20,000
    貸：主營業務收入   80,000
（8）借：銷售費用   5,000
    貸：銀行存款   5,000
（9）借：銀行存款   2,000
    貸：應收帳款——W公司   2,000
（10）借：固定資產   20,000
     貸：銀行存款   20,000
（11）借：應付利息   800
     貸：銀行存款   800
（12）借：管理費用   2400
     貸：銀行存款   2400

2. 會計分錄

（1）借：其他應收款   2,000
    貸：主營業務收入   2,000
（2）借：財務費用   1,000
    貸：應付利息   1,000
（3）借：應付利息   3,000
    貸：銀行存款   3,000
（4）借：生產成本   3,000
      製造費用   800
      管理費用   1,200
    貸：應付職工薪酬   5,000
（5）借：銀行存款   10,000
    貸：預收帳款   10,000
（6）借：預收帳款   2,500

貸：主營業務收入		2,500
（7）借：管理費用		600
貸：銀行存款		600
（8）借：管理費用		12,000
貸：銀行存款		12,000
（9）借：製造費用		4,000
管理費用		1,000
貸：累計折舊		5,000
（10）借：資產減值損失		5,000
貸：壞帳準備		5,000

　　（1）為應計收入調整分錄。（2）、（4）為應計費用調整分錄。（6）為預收收入調整分錄。（9）、（10）為資產攤銷調整分錄。

第六章　主要經濟業務的核算

學習重點及難點

本章是將前面學習的會計循環的各個環節連接起來，進行綜合運用，對企業生產經營全過程的會計業務進行處理。

（1）瞭解生產經營過程的主要會計業務，瞭解物資採購業務核算應設置的會計科目及各業務（包括固定資產的購置、材料物資的採購）的會計處理。

（2）瞭解生產業務核算應設置的會計科目及各業務（包括生產領用材料、分配和發放工資、計提福利費以及計算並結轉產品生產成本）的會計處理。

（3）瞭解銷售業務核算應設置的會計科目及各業務（銷售收入的實現、銷售成本的結轉、銷售費用的發生、有關稅金的計算）的會計處理。

（4）瞭解利潤的形成、分配核算應設置的會計科目及各業務（結清各損益帳戶、形成利潤、計算所得稅費用、發生營業外收支業務）的會計處理。

練習題

一、單項選擇題

1. 一般納稅人企業，記入「物資採購」帳戶借方的是（　　）。
   A. 購入材料時支付的增值稅進項稅額
   B. 購入材料的發票價款
   C. 入庫材料的成本
   D. 生產領用材料的成本

2. 一般納稅人企業，記入「生產成本」帳戶借方的是（　　）。
   A. 生產工人的工資　　　　　　B. 行政管理人員的工資
   C. 廣告費用　　　　　　　　　D. 利息費用

3. （　　）是工業企業繼供應過程之後所經歷的又一主要生產經營過程，其主要任務是實現生產資料與勞動力的結合。
   A. 銷售過程　　　　　　　　　B. 利潤形成過程
   C. 生產過程　　　　　　　　　D. 利潤分配過程

4. 規模較小、外購材料不多、材料採購業務簡單的企業，也可將外購材料的買價和採購費用直接記入（　　）帳戶的借方，而不設置「材料採購」帳戶。
　　A.「原材料」　　　　　　　　B.「生產成本」
　　C.「應收帳款」　　　　　　　D.「銀行存款」
5. 待攤費用屬於（　　）要素內容。
　　A. 費用　　　　　　　　　　B. 收入
　　C. 負債　　　　　　　　　　D. 資產
6. 預收帳款是企業的（　　）要素項目。
　　A. 資產　　　　　　　　　　B. 收入
　　C. 負債　　　　　　　　　　D. 費用
7. 供應過程是工業企業再生產活動所經歷的（　　）。
　　A. 最后一個階段　　　　　　B. 第一個階段
　　C. 中間階段　　　　　　　　D. 第二個階段
8. 一般納稅人企業，「材料採購」帳戶借方記錄採購過程中發生的（　　）。
　　A. 採購材料的實際成本　　　B. 行政管理人員的工資
　　C. 採購材料支付的進項稅額　D. 生產工人的差旅費
9. 一般納稅人企業，不構成材料採購成本的是（　　）。
　　A. 材料買價　　　　　　　　B. 進項稅額
　　C. 運雜費用　　　　　　　　D. 其他採購費用
10. 月末對「製造費用」進行分配並轉帳，應轉入（　　）帳戶。
　　A. 生產成本　　　　　　　　B. 管理費用
　　C. 銷售費用　　　　　　　　D. 財務費用
11. 購買單位在材料採購業務之前按合同先向供應單位預付購貨款時，形成了（　　）。
　　A. 負債　　　　　　　　　　B. 債務
　　C. 債權　　　　　　　　　　D. 權益
12. 購買單位購進材料時暫不付款，從而形成企業對供應單位的一項（　　）。
　　A. 債權　　　　　　　　　　B. 暫收款
　　C. 債務　　　　　　　　　　D. 暫付款
13. 「製造費用」帳戶是專門用來歸集和分配（　　）範圍內為產品生產和提供服務而發生的各項（　　）。
　　A. 車間/直接費用　　　　　　B. 全廠/間接費用
　　C. 全廠/直接費用　　　　　　D. 車間/間接費用
14. 借記「所得稅費用」科目，貸記「應交稅費——應交所得稅」科目，屬於（　　）。

A. 應計費用調整分錄　　　　　　B. 應計收入調整分錄
C. 預付費用調整分錄　　　　　　D. 預收收入調整分錄

二、多項選擇題

1. 「財務費用」帳戶記錄的內容是（　　　）。
   A. 預提短期借款利息
   B. 支付已預提銀行短期借款利息
   C. 銀行結算的手續費
   D. 不預提，直接支付銀行短期借款利息
2. 一般納稅人企業，構成材料採購成本的是（　　　）。
   A. 材料買價　　　　　　　　　　B. 採購過程的運雜費
   C. 進項稅額　　　　　　　　　　D. 外地採購機構設置費
3. 構成產品製造成本項目的有（　　　）。
   A. 直接材料成本　　　　　　　　B. 製造費用
   C. 直接人工成本　　　　　　　　D. 管理費用
4. 下列屬於應計費用的調整業務的是（　　　）。
   A. 計提職工福利費用　　　　　　B. 計算應交所得稅
   C. 計算分配應付職工工資　　　　D. 以現金支付廣告費用
5. 材料供應過程的業務有（　　　）。
   A. 支付採購材料的貨款　　　　　B. 支付購貨時應付的增值稅進項稅額
   C. 支付採購材料的各種運雜費　　D. 生產領用材料
6. 企業生產過程中的業務包括（　　　）。
   A. 計提和支付生產工人的工資　　B. 生產領用材料
   C. 計提生產用固定資產的折舊費　D. 支付廣告費用
7. 生產過程中的調整業務有（　　　）。
   A. 預提生產用固定資產的修理費　B. 攤銷已支付的固定資產修理費
   C. 計提生產用固定資產折舊費　　D. 支付生產用固定資產保險費
8. 生產過程中的調整業務有（　　　）。
   A. 計算分配生產工人的工資　　　B. 支付生產工人的工資
   C. 計提生產工人的福利費　　　　D. 報銷生產工人的醫藥費
9. 產品銷售過程中的業務有（　　　）。
   A. 支付廣告費　　　　　　　　　B. 銷售商品，未收到貨款
   C. 計算銷售商品應付的稅金　　　D. 計算並結轉銷售商品的成本
10. 銷售過程中的調整業務有（　　　）。
    A. 月末確認本期未收貨款已實現的收入

B. 收到了購貨單位的欠款

C. 月末確認本期預收帳款已實現的收入

D. 收到預收收入款

11. 銷售過程中的調整業務有（　　）。

　A. 計算銷售商品應交的稅金

　B. 收到了購貨單位的欠款

　C. 月末確認本期預收帳款已實現的收入

　D. 支付廣告費用

12. 構成財務成果的內容包括（　　）。

　A. 實現的經營利潤　　　　　　B. 實現的投資收益

　C. 發生的營業外收入和支出　　D. 製造費用

13. 生產過程中應該設置的主要帳戶有（　　）。

　A.「製造費用」　　　　　　　B.「管理費用」

　C.「生產費用」　　　　　　　D.「銷售費用」

14. 應計入管理費用的是（　　）。

　A. 企業行政管理人員的工資及提取的福利

　B. 計提無形資產的攤銷

　C. 管理部門計提的固定資產折舊

　D. 支付管理部門固定資產維修費

15. 月末編製調整分錄時，記入「營業稅金及附加」帳戶借方的內容是(　　)。

　A. 計算應交所得稅費用　　　　B. 計算應交城市維護建設稅

　C. 計算應交教育費附加　　　　D. 計算應交增值稅

16. 在產品銷售過程中應設置的主要帳戶有（　　）。

　A. 主營業務收入　　　　　　　B. 銷售費用

　C. 應收帳款　　　　　　　　　D. 製造費用

17. 屬於結帳業務的是（　　）。

　A. 計算應付所得稅費用

　B. 將「所得稅費用」轉入「本年利潤」

　C. 將所有收入的本期發生額轉入「本年利潤」

　D. 將所有的成本費用轉入「本年利潤」

三、判斷題

1. 製造企業的生產經營過程包括供應過程、生產過程和銷售過程，而商業企業只包括前後兩個過程，沒有生產過程。　　　　　　　　　　　　　　　　　　（　　）

2. 材料供應過程是製造企業生產經營的起點。　　　　　　　　　　　　（　　）

3. 從理論上講，採購人員的差旅費應該構成材料採購成本的內容。為簡化核算工作，採購人員的差旅費不大時，也可以直接計入管理費用。（　　）
4. 一般納稅人企業，採購材料時支付的進項稅額應構成材料的成本。（　　）
5.「材料採購」帳戶是一個計算材料採購成本的成本計算帳戶，但同時也是一個盤存帳戶。（　　）
6. 構成產品製造成本的是「直接材料」「直接人工」兩個項目，「製造費用」屬於期間費用，不構成產品成本。（　　）
7. 計提職工薪酬是生產過程中應計費用的調整業務。（　　）
8. 發生待攤費用不是調整業務，月末按規定攤銷待攤費用時才是調整業務。（　　）
9. 計算應交所得稅費用的會計分錄是涉及利潤分配的會計分錄。（　　）
10. 計算應交稅金時需要編製調整會計分錄，支付稅金不是調整會計分錄。（　　）

四、名詞解釋
產品生產成本　　固定資產折舊　　營業外收入　　淨利潤

五、簡答題
1. 生產過程和銷售過程的主要業務有哪些？
2. 企業稅後淨利潤的分配程序是怎樣的？

六、業務題
1. 資料：W公司2015年10月發生下列材料採購業務：

（1）W公司從A公司購入甲材料一批，數量為10,000千克，單價為30元/千克，增值稅進項稅額為51,000元，共計351,000元。W公司當即以銀行存款支付。材料已驗收入庫。

（2）W公司從B公司購買乙材料10噸，單價為6,000元/噸，進項增值稅為10,200元，共計70,200元。其中，30,000元通過銀行支付，其餘暫欠。材料已驗收入庫。

（3）W公司從C公司購買丙材料80噸，單價為7,400元/噸，進項增值稅稅率為17%。材料已驗收入庫，材料款尚未支付。

（4）W公司去火車站提取已運到的甲、乙兩種材料時，以現金支付車站材料整理費315元（採購費用按材料重量分配金額較小，不考慮增值稅）。

（5）W公司向D公司預付購買甲材料的價款80,000元。

（6）D公司按合同發來甲材料4噸，單價為31,000元/噸，進項增值稅稅額為21,080元，以銀行存款補付所欠餘款。甲材料驗收入庫。

（7）W公司以銀行存款支付前欠C公司材料款。

要求：根據上述業務編製會計分錄並編製本期發生額試算平衡表。

2. 資料：W公司2015年10月發生下列生產業務：

（1）生產車間為了生產甲產品，到倉庫領用A材料1,000千克、B材料2,000千克；為了生產乙產品，到倉庫領用A材料700千克、B材料800千克、C材料900千克。同時，生產車間一般耗用C材料800千克，企業管理部門耗用C材料300千克。A、B、C三種材料的實際單位成本分別為每千克20元、30元、10元。

（2）W公司以銀行存款支付諮詢費3,000元。

（3）採購員王磊出差前預借差旅費1,000元，W公司以現金支付。

（4）生產車間機器設備日常維修和廠部辦公用房日常修理分別領用D材料3,000元、5,000元。

（5）W公司本月應付生產甲、乙兩種產品的生產工人工資分別為96,000元、84,000元；應付生產車間管理人員和廠部管理人員工資分別為8,000元、12,000元。

（6）W公司根據上述應付工資額的14%計提本月職工福利費。

（7）W公司計提本月固定資產折舊，其中應提生產車間和廠部用固定資產折舊費分別為40,000元、10,000元。

（8）W公司用銀行存款200,000元發放工資。

（9）W公司以銀行存款預付第二年企業材料倉庫租金15,000元。

（10）W公司以現金700元支付業務招待費。

（11）W公司以銀行存款支付水電費3,000元，其中甲產品耗用1,300元、乙產品耗用1,200元，車間管理部門耗用200元、廠部辦公耗用300元。

（12）採購員王磊報銷差旅費900元，余款交回現金。

（13）W公司將製造費用80,320元按工時比例分配法分配給甲產品與乙產品，兩種產品消耗工時分別為8,600工時、11,400工時。

（14）W公司本月完工甲產品700件，乙產品1,800件，單位成本分別為80元、20元。

要求：根據上述業務編製會計分錄並編製本期發生額試算平衡表。

3. 資料：W公司2015年10月發生下列銷售業務（增值稅銷項稅率按17%計算）：

（1）W公司向K公司銷售甲產品10件，每件售價（不含稅，下同）1,000元，貨款計10,000元。購買單位交來轉帳支票一張，面額11,700元。貨已提走，支票送存銀行。

（2）W公司按合同向購買單位G公司發出乙產品20臺，單位售價15,000元，價款合計300,000元，以現金墊付運雜費1,110元。合同規定，對方可於收貨後10天內付款。

（3）W公司向P公司銷售甲產品20件，每件售價1,000元，價款合計20,000元，稅款23,400元。其中，10,000元收到轉帳支票，余款暫欠。

（4）W公司按合同規定預收H公司甲產品貨款60,000元，存入銀行。

（5）H公司從W公司提走甲產品65件，每件售價1,000元，價款以原預收款抵付，H公司同時通過銀行補付不足款項。

（6）W公司開出轉帳支票，支付電視臺廣告費6,000元。

（7）H公司退回本月購去的甲產品一件，甲產品的銷售單價為1,000元，W公司當即以銀行存款付訖。

（8）W公司本月已售甲產品94件，單位成本500元；乙產品20臺，單位成本7,000元。月末結轉銷售成本。

（9）W公司以現金支付本月所售產品運輸裝卸費600元。

（10）W公司收到G公司前欠貨款。

要求：根據上述業務編製會計分錄並編製本期發生額試算平衡表。

4. 資料：W公司2015年度發生下列利潤及分配業務：

（1）W公司與F公司打官司獲得70,000元賠款，已收到並存入銀行。

（2）W公司以銀行存款支付稅務部門的罰款60,000元。

（3）W公司支付短期借款利息30,000元。

（4）W公司月末各損益帳戶本期發生額如下：主營業務收入、投資收益、營業外收入貸方本期發生額分別為1,300,000元、80,000元、70,000元；主營業務成本、營業稅金及附加、銷售費用、管理費用、財務費用、營業外支出借方本期發生額分別為405,000元、25,000元、20,000元、160,000元、30,000元、60,000元。月底，W公司結轉各損益帳戶餘額。

（5）W公司適用的企業所得稅稅率為25%。據計算，W公司本月應交所得稅費用150,000元。

（6）W公司通過銀行上交上述所得稅費用。

（7）W公司結轉全年實現的淨利潤626,250元。

（8）按規定W公司計提取法定盈余公積45,000元，任意盈余公積25,000元。

（9）W公司本年應分給投資者的利潤，據計算為300,000元。

（10）W公司以銀行存款支付現金股利300,000元。

要求：根據上述業務編製會計分錄，並編製本期發生額試算平衡表。

參 考 答 案

一、單項選擇題

1. B 2. A 3. C 4. A 5. D 6. C 7. B 8. A 9. B 10. A 11. C 12. C 13. D 14. A

二、多項選擇題

1. ACD 2. ABD 3. ABC 4. ABC 5. ABC 6. ABC 7. ABC 8. AC 9. ABCD

10. AC　11. AC　12. ABC　13. AC　14. ABCD　15. BC　16. ABC　17. BCD

三、判斷題
1. √　2. √　3. √　4. ×　5. √　6. ×　7. √　8. √　9. ×　10. √

四、名詞解釋
產品生產成本是指為生產某一產品所發生的各種耗費，包括直接材料、直接人工和其他製造費用。

固定資產折舊是指固定資產的使用或其他原因使固定資產發生價值上的損耗或磨損，其磨損的價值逐漸轉入產品生產成本和相關費用。

營業外收入是指與企業生產經營無直接關係而產生的各種偶然所得，如向別人索取的賠款。

淨利潤是指企業實現的利潤總額扣除所得稅費用後的差額。

五、簡答題
1. 生產過程的主要經濟業務（或會計事項）包括以下三個方面：
（1）將材料物資投入生產過程。
（2）勞動資料在生產過程中逐步發生磨損。
（3）在生產過程中發生的人工成本。

銷售過程的核算主要包括以下三個方面的內容：
（1）銷售收入的確認和銷售產品後貨款的結算情況。企業的銷售收入一方面用來補償已售產品的實際成本，另一方面形成企業的銷售稅金和銷售利潤即企業的純收入。
（2）銷售費用的發生情況。銷售費用是企業為銷售產品所發生的各項費用，包括在產品的銷售過程中發生的包裝費、運輸費、廣告費、專設銷售機構的正常經費等。
（3）銷售稅金的應繳、實繳和欠繳情況。

2. 企業繳納所得稅費用後的利潤，除國家另有規定以外，應按照下列順序進行分配：
（1）彌補企業以前年度虧損。
（2）提取法定盈余公積金。
（3）提取任意盈余公積。
（4）向投資者分派利潤。

股份有限公司在提取法定盈余公積金以後，則應依照有關規定按照下列順序進行分配：
（1）支付優先股股利。
（2）提取任意盈余公積金，任意盈余公積金按照公司章程或者股東會議決議提取和

使用。

（3）支付普通股利。

六、業務題

1. 會計分錄如下：

（1）借：原材料——甲材料　　　　　　　　　　　　　300,000
　　　　　應交稅費——應交增值稅（進項稅額）　　　　51,000
　　　　貸：銀行存款　　　　　　　　　　　　　　　　351,000

（2）借：原材料——乙材料　　　　　　　　　　　　　60,000
　　　　　應交稅費——應交增值稅（進項稅額）　　　　10,200
　　　　貸：應付帳款——B公司　　　　　　　　　　　40,200
　　　　　　銀行存款　　　　　　　　　　　　　　　　30,000

（3）借：原材料——丙材料　　　　　　　　　　　　　592,000
　　　　　應交稅費——應交增值稅（進項稅額）　　　　100,640
　　　　貸：應付帳款——C公司　　　　　　　　　　　692,640

（4）借：原材料——甲材料　　　　　　　　　　　　　157.5
　　　　　　　——乙材料　　　　　　　　　　　　　157.5
　　　　貸：庫存現金　　　　　　　　　　　　　　　　315

（5）借：預付帳款——D公司　　　　　　　　　　　　80,000
　　　　貸：銀行存款　　　　　　　　　　　　　　　　80,000

（6）借：原材料——甲材料　　　　　　　　　　　　　124,000
　　　　　應交稅費——應交增值稅（進項稅額）　　　　21,080
　　　　貸：預付帳款——D公司　　　　　　　　　　　80,000
　　　　　　銀行存款　　　　　　　　　　　　　　　　65,080

（7）借：應付帳款——C公司　　　　　　　　　　　　692,640
　　　　貸：銀行存款　　　　　　　　　　　　　　　　692,640

本期發生額試算平衡表如表6-1所示：

表6-1　　　　　　　　　本期發生額試算平衡　　　　　　　　單位：元

會計科目	本期借方發生額	本期貸方發生額
庫存現金		315
銀行存款		1,218,720
原材料	1,076,315	
預付帳款	80,000	80,000
應付帳款	692,640	732,840

表6-1(續)

會計科目	本期借方發生額	本期貸方發生額
應交稅費	182,920	
合計	2,031,875	2,031,875

2. 會計分錄如下：

（1）借：生產成本——甲產品　　　　　　　　　　　80,000
　　　　　　　　——乙產品　　　　　　　　　　　47,000
　　　　製造費用　　　　　　　　　　　　　　　　8,000
　　　　管理費用　　　　　　　　　　　　　　　　3,000
　　　　　貸：原材料——A 材料　　　　　　　　　34,000
　　　　　　　　　——B 材料　　　　　　　　　　84,000
　　　　　　　　　——C 材料　　　　　　　　　　20,000
（2）借：管理費用　　　　　　　　　　　　　　　3,000
　　　　　貸：銀行存款　　　　　　　　　　　　　3,000
（3）借：其他應收款——王磊　　　　　　　　　　1,000
　　　　　貸：庫存現金　　　　　　　　　　　　　1,000
（4）借：製造費用　　　　　　　　　　　　　　　3,000
　　　　管理費用　　　　　　　　　　　　　　　　5,000
　　　　　貸：原材料——D 材料　　　　　　　　　8,000
（5）借：生產成本——甲產品　　　　　　　　　　96,000
　　　　　　　　——乙產品　　　　　　　　　　　84,000
　　　　製造費用　　　　　　　　　　　　　　　　8,000
　　　　管理費用　　　　　　　　　　　　　　　　12,000
　　　　　貸：應付職工薪酬——工資　　　　　　　200,000
（6）借：生產成本——甲產品　　　　　　　　　　13,440
　　　　　　　　——乙產品　　　　　　　　　　　11,760
　　　　製造費用　　　　　　　　　　　　　　　　1,120
　　　　管理費用　　　　　　　　　　　　　　　　1,680
　　　　　貸：應付職工薪酬——職工福利　　　　　28,000
（7）借：製造費用　　　　　　　　　　　　　　　40,000
　　　　管理費用　　　　　　　　　　　　　　　　10,000
　　　　　貸：累計折舊　　　　　　　　　　　　　50,000
（8）借：應付職工薪酬——工資　　　　　　　　　200,000
　　　　　貸：銀行存款　　　　　　　　　　　　　200,000

（9）借：管理費用 15,000
　　　　貸：銀行存款 15,000
（10）借：管理費用 700
　　　　貸：庫存現金 700
（11）借：生產成本——甲產品 1,300
　　　　　　　——乙產品 1,200
　　　　　　製造費用 200
　　　　　　管理費用 300
　　　　貸：銀行存款 3,000
（12）借：管理費用 900
　　　　　庫存現金 100
　　　　貸：其他應收款——王磊 1,000
（13）借：生產成本——甲產品 25,937.6
　　　　　　　——乙產品 34,382.4
　　　　貸：製造費用 60,320
（14）借：庫存商品——甲產品 56,000
　　　　　　　——乙產品 36,000
　　　　貸：生產成本——甲產品 56,000
　　　　　　　——乙產品 36,000

本期發生額試算平衡表如表6-2所示：

表6-2　　　　　　　　本期發生額試算平衡　　　　　　單位：元

會計科目	本期借方發生額	本期貸方發生額
庫存現金	100	1,700
銀行存款		221,000
其他應收款	1,000	1,000
原材料		146,000
管理費用	51,580	
製造費用	60,320	60,320
生產成本	395,020	92,000
庫存商品	92,000	
應付職工薪酬	200,000	228,000
累計折舊		50,000
合計	800,020	800,020

3. 會計分錄如下：
(1) 借：銀行存款　　　　　　　　　　　　　　　　11,700
　　　貸：主營業務收入　　　　　　　　　　　　　10,000
　　　　　應交稅費——應交增值稅（銷項稅額）　　 1,700
(2) 借：應收帳款——G公司　　　　　　　　　　　352,110
　　　貸：主營業務收入　　　　　　　　　　　　300,000
　　　　　應交稅費——應交增值稅（銷項稅額）　　51,000
　　　　　庫存現金　　　　　　　　　　　　　　　1,110
(3) 借：銀行存款　　　　　　　　　　　　　　　　10,000
　　　　應收帳款——P公司　　　　　　　　　　　 13,400
　　　貸：主營業務收入　　　　　　　　　　　　　20,000
　　　　　應交稅費——應交增值稅（銷項稅額）　　 3,400
(4) 借：銀行存款　　　　　　　　　　　　　　　　60,000
　　　貸：預收帳款——H公司　　　　　　　　　　 60,000
(5) 借：預收帳款——H公司　　　　　　　　　　　 60,000
　　　　銀行存款　　　　　　　　　　　　　　　　16,050
　　　貸：主營業務收入　　　　　　　　　　　　　65,000
　　　　　應交稅費——應交增值稅（銷項稅額）　　11,050
(6) 借：銷售費用——廣告費　　　　　　　　　　　 6,000
　　　貸：銀行存款　　　　　　　　　　　　　　　 6,000
(7) 借：主營業務收入　　　　　　　　　　　　　　 1,000
　　　　應交稅費——應交增值稅（銷項稅額）　　　 170
　　　貸：銀行存款　　　　　　　　　　　　　　　 1,170
(8) 借：主營業務成本　　　　　　　　　　　　　　187,000
　　　貸：庫存商品——甲產品　　　　　　　　　　 47,000
　　　　　　　　　——乙產品　　　　　　　　　 140,000
(9) 借：銷售費用　　　　　　　　　　　　　　　　 600
　　　貸：庫存現金　　　　　　　　　　　　　　　 600
(10) 借：銀行存款　　　　　　　　　　　　　　　 352,110
　　　 貸：應收帳款——G公司　　　　　　　　　　352,110
本期發生額試算平衡表如表6-3所示：

表 6-3　　　　　　　　　　　　　本期發生額試算平衡　　　　　　　　　　　　　單位：元

會計科目	本期借方發生額	本期貸方發生額
庫存現金		1,710
銀行存款	449,860	7,170
應收帳款	365,510	352,110
銷售費用	6,600	
庫存商品		187,000
預收帳款	60,000	60,000
應交稅費	170	67,150
主營業務成本	187,000	
主營業務收入	1,000	395,000
合計	1,070,140	1,070,140

4. 會計分錄如下：
(1) 借：銀行存款　　　　　　　　　　　　　　　　　　　　70,000
　　　貸：營業外收入　　　　　　　　　　　　　　　　　　　70,000
(2) 借：營業外支出　　　　　　　　　　　　　　　　　　　60,000
　　　貸：銀行存款　　　　　　　　　　　　　　　　　　　　60,000
(3) 借：應付利息　　　　　　　　　　　　　　　　　　　　30,000
　　　貸：銀行存款　　　　　　　　　　　　　　　　　　　　30,000
(4) 借：主營業務收入　　　　　　　　　　　　　　　　　1,300,000
　　　　投資收益　　　　　　　　　　　　　　　　　　　　　80,000
　　　　營業外收入　　　　　　　　　　　　　　　　　　　　70,000
　　　貸：本年利潤　　　　　　　　　　　　　　　　　　　1,450,000
　　借：本年利潤　　　　　　　　　　　　　　　　　　　　850,000
　　　貸：主營業務成本　　　　　　　　　　　　　　　　　555,000
　　　　　營業稅金及附加　　　　　　　　　　　　　　　　　25,000
　　　　　銷售費用　　　　　　　　　　　　　　　　　　　　20,000
　　　　　管理費用　　　　　　　　　　　　　　　　　　　　160,000
　　　　　財務費用　　　　　　　　　　　　　　　　　　　　30,000
　　　　　營業外支出　　　　　　　　　　　　　　　　　　　60,000
(5) 借：所得稅費用　　　　　　　　　　　　　　　　　　150,000
　　　貸：應交稅費——應交所得稅　　　　　　　　　　　　150,000
　　借：本年利潤　　　　　　　　　　　　　　　　　　　150,000
　　　貸：所得稅費用　　　　　　　　　　　　　　　　　　150,000

（6）借：應交稅費——應交所得稅　　　　　　　　　　　　150,000
　　　　貸：銀行存款　　　　　　　　　　　　　　　　　　　150,000
（7）借：本年利潤　　　　　　　　　　　　　　　　　　　450,000
　　　　貸：利潤分配——未分配利潤　　　　　　　　　　　　450,000
（8）借：利潤分配——未分配利潤　　　　　　　　　　　　70,000
　　　　貸：盈余公積——提取法定盈余公積　　　　　　　　　45,000
　　　　　　　　　——提取任意盈余公積　　　　　　　　　　25,000
（9）借：利潤分配——未分配利潤　　　　　　　　　　　　300,000
　　　　貸：應付利潤　　　　　　　　　　　　　　　　　　300,000
（10）借：應付利潤　　　　　　　　　　　　　　　　　　　300,000
　　　　貸：銀行存款　　　　　　　　　　　　　　　　　　300,000

本期發生額試算平衡表如表 6-4 所示：

表 6-4　　　　　　　　　　　本期發生額試算平衡　　　　　　　　　單位：元

會計科目	本期借方發生額	本期貸方發生額
銀行存款	70,000	540,000
銷售費用		20,000
管理費用		160,000
財務費用		30,000
主營業務成本		555,000
營業稅金及附加		25,000
營業外支出	60,000	60,000
所得稅費用	150,000	150,000
應交稅費	150,000	150,000
應付利潤	330,000	300,000
主營業務收入	1,300,000	
投資收益	80,000	
營業外收入	70,000	70,000
本年利潤	1,450,000	1,450,000
利潤分配	370,000	450,000
盈余公積		70,000
合計	4,030,000	4,030,000

第七章　帳戶的分類

學習重點及難點

一、帳戶分類的意義
（1）通過帳戶分類可以進一步認識已經學過的帳戶。
（2）通過帳戶分類可以瞭解每一帳戶在整個帳戶體系中所處的地位和應起的作用。

二、帳戶按經濟內容分類
帳戶的經濟內容是指帳戶反應的會計對象的具體內容。將帳戶按其反應的經濟內容進行分類，對於正確區分帳戶的經濟性質、合理設置和運用帳戶、提供企業經營管理和對外報告所需要的各種核算指標，具有重要意義。帳戶按經濟內容，也可以分為資產類帳戶、負債類帳戶、所有者權益類帳戶、收入類帳戶、費用類帳戶、利潤類帳戶。

三、帳戶按用途和結構分類
所謂帳戶的用途，是指設置和運用帳戶的目的，即通過帳戶記錄提供什麼核算指標。所謂帳戶的結構，是指在帳戶中如何登記經濟業務，以取得所需要的各種核算指標，即帳戶借方登記什麼、貸方登記什麼、期末帳戶有無餘額。
掌握帳戶按用途和結構分類時各類帳戶的用途與結構的特點，其中重點掌握盤存帳戶、結算帳戶、跨期攤配帳戶、調整帳戶的用途與結構。

練習題

一、單項選擇題
1. 帳戶按用途和結構分類，下列屬於盤存帳戶的是（　　）。
　　A.「銷售費用」　　　　　　B.「主營業務成本」
　　C.「管理費用」　　　　　　D.「原材料」
2. 帳戶按用途和結構分類，下列屬於債務結算帳戶的是（　　）。
　　A.「應收帳款」　　　　　　B.「應收股利」
　　C.「預收帳款」　　　　　　D.「預付帳款」

3. 帳戶按用途和結構分類，下列屬於集合分配帳戶的是（　　）。
   A.「財務費用」　　　　　　　　B.「管理費用」
   C.「銷售費用」　　　　　　　　D.「製造費用」
4. 帳戶按用途和結構分類，下列屬於跨期攤配帳戶的是（　　）。
   A.「管理費用」　　　　　　　　B.「長期待攤費用」
   C.「製造費用」　　　　　　　　D.「財務費用」
5. 帳戶按用途和結構分類，下列屬於備抵帳戶的是（　　）。
   A.「原材料」　　　　　　　　　B.「應收帳款」
   C.「固定資產」　　　　　　　　D.「累計折舊」
6. 帳戶按用途和結構分類，屬於備抵附加調整帳戶的是（　　）。
   A.「壞帳準備」　　　　　　　　B.「累計折舊」
   C.「材料成本差異」　　　　　　D.「存貨減值準備」
7. 帳戶按用途和結構分類，下列屬於財務成果帳戶的是（　　）。
   A.「利潤分配」　　　　　　　　B.「主營業務收入」
   C.「本年利潤」　　　　　　　　D.「營業外收入」
8. 累計折舊調整帳戶的被調整帳戶是（　　）。
   A.「應收帳款」　　　　　　　　B.「在建工程」
   C.「原材料」　　　　　　　　　D.「固定資產」
9. 帳戶按用途和結構分類，「壞帳準備」的被調整帳戶是（　　）。
   A.「固定資產」　　　　　　　　B.「無形資產」
   C.「應收帳款」　　　　　　　　D.「存貨」
10. 帳戶按用途和結構分類，下列不屬於結算帳戶的是（　　）。
    A.「應收帳款」　　　　　　　　B.「應付帳款」
    C.「存貨」　　　　　　　　　　D.「預付帳款」
11. 帳戶分類的基礎是（　　）。
    A. 帳戶的用途　　　　　　　　B. 帳戶的結構
    C. 帳戶的性質　　　　　　　　D. 帳戶的經濟內容
12 不單獨設置「預付帳款」的企業，發生預付貨款業務時，應記入（　　）帳戶。
    A.「應收帳款」　　　　　　　　B.「應付帳款」
    C.「預收帳款」　　　　　　　　D.「其他應付款」
13. 帳戶按用途和結構分類，「累計攤銷」帳戶是（　　）帳戶。
    A. 備抵調整　　　　　　　　　B. 所有者權益
    C. 財務成果　　　　　　　　　D. 損益類

二、多項選擇題

1. 帳戶按用途和結構分類，下列屬於盤存帳戶的是（　　）。

A.「生產成本」　　　　　　　B.「主營業務成本」
C.「原材料」　　　　　　　　D.「銀行存款」

2. 帳戶按用途和結構分類，下列屬於債權結算帳戶的是（　　）。
A.「預付帳款」　　　　　　　B.「應收利息」
C.「預收帳款」　　　　　　　D.「其他應收款」

3. 帳戶按用途和結構分類，下列屬於備抵調整帳戶的是（　　）。
A.「壞帳準備」　　　　　　　B.「存貨跌價準備」
C.「累計折舊」　　　　　　　D.「無形資產」

4. 帳戶按用途和結構分類，下列屬於備抵調整帳戶的是（　　）。
A.「壞帳準備」　　　　　　　B.「長期股權投資減值準備」
C.「在建工程減值準備」　　　D.「存貨跌價準備」

5. 帳戶按用途和結構分類，下列屬於成本計算帳戶的是（　　）。
A.「管理費用」　　　　　　　B.「材料採購」
C.「在建工程」　　　　　　　D.「生產成本」

6. 帳戶按用途和結構分類，企業採用計劃成本計價核算存貨時，下列屬於計價對比帳戶的是（　　）。
A.「原材料」　　　　　　　　B.「產成品」
C.「材料採購」　　　　　　　D.「生產成本」

7. 帳戶按用途和結構分類，下列屬於被調整帳戶的是（　　）。
A.「固定資產」　　　　　　　B.「應收票據」
C.「應收帳款」　　　　　　　D.「存貨」

8. 帳戶按經濟內容分類，下列屬於負債帳戶的是（　　）。
A.「預收帳款」　　　　　　　B.「預付帳款」
C.「應付職工薪酬」　　　　　D.「長期應付款」

三、判斷題

1. 帳戶按用途和結構分類是帳戶按經濟內容分類的基礎。（　　）
2.「生產成本」既是成本計算帳戶，又是盤存帳戶，還是計價對比帳戶。（　　）
3.「固定資產」是調整帳戶，「累計折舊」是被調整帳戶。（　　）
4. 中國會計要素分為六類，但會計科目只分五類。（　　）
5. 盤存帳戶的特點是有實物資產存在，並有期末余額。（　　）
6.「材料成本差異」帳戶有借方余額時為附加帳戶，有貸方余額時為備抵帳戶，因此「材料成本差異」帳戶是備抵附加調整帳戶。（　　）
7. 資產帳戶一般都有余額，因此資產都屬於盤存帳戶。（　　）
8. 帳戶按用途和結構分類時，同一帳戶不能歸為其他類中，也就是不能交叉分類。
（　　）

四、名詞解釋

盤存帳戶　結算帳戶　集合分配帳戶　成本計算帳戶

五、簡答題

1. 什麼是帳戶按經濟內容分類？帳戶按經濟內容分為哪幾類？
2. 什麼是帳戶按用途和結構分類？帳戶按用途和結構分為哪幾類？
3. 什麼是調整帳戶？為什麼要設置調整帳戶？調整帳戶分為哪幾類？

參考答案

一、單項選擇題

1. D　2. C　3. D　4. B　5. D　6. C　7. C　8. D　9. C　10. C　11. D　12. B　13. A

二、多項選擇題

1. ACD　2. ABD　3. ABC　4. ABCD　5. BCD　6. CD　7. ACD　8. ACD

三、判斷題

1. ×　2. √　3. ×　4. √　5. √　6. √　7. ×　8. ×

四、名詞解釋

盤存帳戶是用來反應和監督各項財產物資和貨幣資金的增減變動及其結存情況的帳戶。

結算帳戶是用來反應和監督企業同其他單位或個人以及企業內部單位或職工個人之間債權、債務結算情況的帳戶。

集合分配帳戶是用來歸集和分配企業生產經營過程中某個階段所發生的各種費用，而需向受益對象進行分配的帳戶。

成本計算帳戶是用來反應和監督企業生產經營某一階段為購入、生產某項資產所發生的、應計入成本的費用並按對象計算實際成本的帳戶。

五、簡答題

1. 帳戶的經濟內容是指帳戶反應的會計對象的具體內容。帳戶按經濟內容分類是對帳戶的最基本的分類，是帳戶按用途和結構分類的基礎。企業會計對象的具體內容，按其經濟特徵可以歸結為資產、負債、所有者權益、收入、費用和利潤六項會計要素。帳戶按經濟內容分類，也可以分為資產類帳戶、負債類帳戶、所有者權益類帳戶、收入類

帳戶、費用類帳戶和損益類帳戶。

2. 帳戶的用途是指設置和運用帳戶的目的，即通過帳戶記錄提供什麼核算指標。帳戶的結構是指在帳戶中如何登記經濟業務，以取得所需要的各種核算指標，即帳戶借方登記什麼、貸方登記什麼、期末帳戶有無余額。

帳戶按其用途和結構的不同分類，可以分為盤存帳戶、結算帳戶、資本帳戶、集合分配帳戶、跨期攤提帳戶、成本計算帳戶、收入帳戶、費用帳戶、財務成果帳戶、調整帳戶、計價對比帳戶和待處理財產帳戶 12 類帳戶。

3. 調整帳戶是用來調整被調整帳戶的余額，以求得被調整帳戶的實際余額而設置的帳戶。在會計核算中，由於管理上的需要或其他方面的原因，對於某些會計要素，要求用兩種數字從不同的方面進行反應。在這種情況下，就需要設置兩個帳戶，一個帳戶用來反應其原始數字；另一個帳戶用來反應對原始數字的調整數字，將原始數字和調整數字相加或相減，即可求得調整后的實際數字。調整帳戶分為備抵調整帳戶、附加調整帳戶和備抵附加調整帳戶三類。在實際工作中，附加調整帳戶比較少見。屬於備抵帳戶的有「利潤分配」「累計折舊」「壞帳準備」等各種減值或跌價準備帳戶；屬於備抵附加調整帳戶的有「材料成本差異」等帳戶。

第八章　會計憑證

學習重點及難點

一、會計憑證的概念
會計憑證是記錄經濟業務事項的發生和完成情況，以便明確經濟責任，並作為記帳依據的書面證明，是會計核算的重要會計資料。

二、會計憑證的分類
會計憑證按其填製的程序和用途，可分為原始憑證和記帳憑證兩類。

（一）原始憑證

原始憑證是在經濟業務發生或完成時取得或填製的，用以證明經濟業務的發生，明確經濟責任，並作為記帳原始依據的書面證明文件。

原始憑證還可按不同的標準進行分類。

（1）原始憑證按其填製手續的不同，可以分為一次憑證、累計憑證和匯總憑證。

（2）原始憑證按其來源的不同，可以分為自製原始憑證和外來原始憑證。

（二）記帳憑證

記帳憑證是會計部門根據審核無誤的原始憑證，運用復式記帳法編製會計分錄，作為登記帳簿的直接依據的書面證明。

（1）記帳憑證按其適用的經濟業務分類，分為專用記帳憑證和通用記帳憑證。

專用記帳憑證按其所記錄的經濟業務是否與現金和銀行存款有關，又分為收款記帳憑證、付款記帳憑證和轉帳記帳憑證。

（2）記帳憑證按其反應的會計科目是否單一，分為單式記帳憑證和復式記帳憑證。

三、會計憑證的填製、審核與傳遞
掌握原始憑證的基本要素、填寫要求、原始憑證的審核，只有審核無誤的原始憑證才能據以編製會計分錄（記帳憑證）。

掌握記帳憑證的基本內容、編製方法以及對記帳憑證的審核。

瞭解會計憑證的傳遞過程或程序，做好會計憑證的檔案管理。

練習題

一、單項選擇題

1. 會計的日常核算工作主要是（　　）。
   A. 財產清查　　　　　　　　　B. 設置帳戶和會計科目
   C. 填製會計憑證　　　　　　　D. 編製會計報表

2. 為保證會計帳簿記錄的正確性，會計人員編製記帳憑證時必須依據（　　）。
   A. 金額計算正確的原始憑證　　B. 填寫齊全的原始憑證
   C. 審核無誤的原始憑證　　　　D. 蓋有填製單位財務公章的原始憑證

3. 在會計實務中，原始憑證按照填製手續及內容的不同，可以分為（　　）。
   A. 通用憑證和專用憑證　　　　B. 收款憑證、付款憑證和轉帳憑證
   C. 外來原始憑證和自制原始憑證　　D. 一次憑證、累計憑證和匯總憑證

4. 下列會計憑證中，只反應價值量不反應實物量的是（　　）。
   A. 材料入庫單　　　　　　　　B. 實存帳存對比表
   C. 工資分配匯總表　　　　　　D. 限額領料單

5. 下列原始憑證中，屬於累計憑證的是（　　）。
   A. 收料單　　　　　　　　　　B. 發貨票
   C. 領料單　　　　　　　　　　D. 限額領料單

6. 對於將現金送存銀行的業務，會計人員應填製的記帳憑證是（　　）。
   A. 銀行收款憑證　　　　　　　B. 現金付款憑證
   C. 銀行收款憑證和現金付款憑證　　D. 轉帳憑證

7. 下列內容不屬於記帳憑證審核的是（　　）。
   A. 憑證是否符合有關的計劃和預算
   B. 會計科目使用是否正確
   C. 憑證的內容與所附憑證的內容是否一致
   D. 憑證的金額與所附憑證的金額是否一致

8. 下列內容不屬於原始憑證審核的是（　　）。
   A. 憑證是否有填製單位的公章和填製人員簽章
   B. 憑證是否符合規定的審核程序
   C. 憑證是否有付款方簽名
   D. 會計科目使用是否正確

9. 下列記帳憑證中可以不附原始憑證的是（　　）。
   A. 所有收款憑證　　　　　　　B. 所有付款憑證
   C. 所有轉帳憑證　　　　　　　D. 用於結帳的記帳憑證

10. 原始憑證按其來源和用途不同，可分為（　　）。
    A. 外來原始憑證和自製原始憑證　　B. 原始憑證和記帳憑證
    C. 專用記帳憑證和通用記帳憑證　　D. 一次使用憑證和累計使用憑證
11. 下列原始憑證中，屬於匯總原始憑證的是（　　）。
    A. 收料單　　　　　　　　　　　　B. 差旅費報銷單
    C. 領料單　　　　　　　　　　　　D. 限額領料單
12. 關於原始憑證的填製，下列說法不正確的是（　　）。
    A. 不得以虛假的交易填製原始憑證
    B. 從外單位取得的原始憑證必須蓋章
    C. 一式多聯的原始憑證，只能以一聯用作報銷憑證
    D. 收回職工借款時，可將原借款借據正聯退回，不必另開收據
13. 下列屬於原始憑證的是（　　）。
    A. 銀行存款余額調節表　　　　　　B. 購貨合同書
    C. 銀行對帳單　　　　　　　　　　D. 實存帳存對比表
14. 關於會計憑證的傳遞與保管，以下說法不正確的是（　　）。
    A. 保證會計憑證在傳遞過程中的安全、及時、準確和完整
    B. 要建立會計憑證交接的簽收手續
    C. 會計憑證記帳完畢后，應當按分類和編號裝訂成冊
    D. 原始憑證不得外借，也不得複製
15. 填製記帳憑證如發現錯誤，正確的處理方法是（　　）。
    A. 劃線更正並簽名　　　　　　　　B. 劃線更正並加蓋單位公章
    C. 重新填製記帳憑證　　　　　　　D. 劃線更正並簽名且加蓋單位公章
16. 出差車票和飛機機票屬於（　　）。
    A. 自製原始憑證　　　　　　　　　B. 累計使用原始憑證
    C. 外來原始憑證　　　　　　　　　D. 多次使用的原始憑證
17. 記帳憑證是（　　）。
    A. 編製會計報表的依據　　　　　　B. 登記帳簿的依據
    C. 編製匯總原始憑證的依據　　　　D. 編製會計分錄的依據
18. 原始憑證和記帳憑證的相同點是（　　）。
    A. 編製的時間相同　　　　　　　　B. 反應的經濟業務的內容相同
    C. 所起的作用相同　　　　　　　　D. 經濟責任的當事人相同
19. 下列記帳憑證可以不附原始憑證的是（　　）。
    A. 調帳分錄　　　　　　　　　　　B. 更正錯帳的分錄
    C. 轉帳分錄　　　　　　　　　　　D. 一般的會計分錄
20. 企業計提利息費用時，應編製的會計憑證是（　　）。

A. 收款憑證　　　　　　　　　　B. 付款憑證
C. 轉帳憑證　　　　　　　　　　D. 匯總憑證

二、多項選擇題

1. 原始憑證按其來源不同可分為（　　）。
   A. 累計使用原始憑證　　　　　B. 自制原始憑證
   C. 外來原始憑證　　　　　　　D. 一次使用原始憑證
2. 自制原始憑證按填製的手續不同可分為（　　）。
   A. 一次使用原始憑證　　　　　B. 多次使用原始憑證
   C. 外來原始憑證　　　　　　　D. 自制原始憑證
3. 記帳憑證按適用的經濟業務可分為（　　）。
   A. 專用記帳憑證　　　　　　　B. 一次使用的憑證
   C. 通用記帳憑證　　　　　　　D. 多次使用的憑證
4. 專用記帳憑證可分為（　　）。
   A. 收款憑證　　　　　　　　　B. 通用記帳憑證
   C. 付款憑證　　　　　　　　　D. 轉帳憑證
5. 記帳憑證按其包括的會計科目是否單一可分為（　　）。
   A. 收款憑證　　　　　　　　　B. 付款憑證
   C. 單式憑證　　　　　　　　　D. 復式憑證
6. 填製和審核會計憑證的意義是（　　）。
   A. 記錄經濟業務，提供記帳依據　B. 監督經濟活動，控制經濟運行
   C. 明確經濟責任，強化內部控制　D. 增加企業盈利，提高競爭能力
7. 對原始憑證審核的內容有（　　）。
   A. 真實性　　　　　　　　　　B. 合理性
   C. 及時性　　　　　　　　　　D. 重要性
8. 下列會計記帳憑證中，屬於自制原始憑證的是（　　）。
   A. 工資分配表　　　　　　　　B. 領料單
   C. 購貨發票　　　　　　　　　D. 火車票
9. 對外來原始憑證進行真實性審核的內容包括（　　）。
   A. 是否加蓋本單位公章
   B. 經濟業務的內容是否真實
   C. 填製憑證的日期是否真實
   D. 填製單位的公章和填製人的簽章是否齊全
10. 原始憑證的合法性包括（　　）。
    A. 符合國家法律法規　　　　　B. 符合規定的審批權限

C. 有總經理的核准簽字　　　　　　D. 履行了規定的憑證傳遞和審批程序
　11. 下列屬於原始憑證的有（　　）。
　　　A. 製造費用分配表　　　　　　　　B. 工資分配表
　　　C. 開出的現金支票　　　　　　　　D. 銀行對帳單
　12. 記帳憑證的填製，可以根據（　　）。
　　　A. 每一張原始憑證填製　　　　　　B. 帳簿記錄填製
　　　C. 若干張同類原始憑證匯總填製　　D. 原始憑證匯總表填製
　13. 下列各項中屬於記帳憑證應具備的基本內容是（　　）。
　　　A. 經濟業務的內容摘要　　　　　　B. 接收憑證單位的全稱
　　　C. 經濟業務的金額　　　　　　　　D. 經濟業務所涉及的會計科目和金額
　14. 下列各項中屬於記帳憑證審核內容的有（　　）。
　　　A. 使用的會計科目是否正確　　　　B. 所附原始憑證的內容是否相符
　　　C. 記帳方向和金額是否正確　　　　D. 書寫是否符合要求
　15. 單位職工出差回來報銷，並交回多余的現金，企業根據報銷憑證的收據，應填製（　　）。
　　　A. 一張現金收款憑證　　　　　　　B. 一張轉帳憑證
　　　C. 一張銀行存款收款憑證　　　　　D. 一張現金付款憑證

　三、判斷題
　1. 原始憑證僅是填製記帳憑證的依據，不能作為登記帳簿的依據，只有記帳憑證才是登記帳簿的依據。　　　　　　　　　　　　　　　　　　　　　　　　　（　　）
　2. 任何會計憑證都必須經過有關人員的嚴格審核並確認無誤后，才能作為記帳的依據。　　　　　　　　　　　　　　　　　　　　　　　　　　　　　　　（　　）
　3. 企業每項交易或事項的發生都必須從外部取得原始憑證。　　　　　（　　）
　4. 在證明交易或事項發生，據以填製記帳憑證的作用方面，自制原始憑證與外來原始憑證具有同等的效力。　　　　　　　　　　　　　　　　　　　　　（　　）
　5. 只要是真實的原始憑證，就可以作為本企業收付財物和記帳的依據。（　　）
　6. 從會計循環來看，取得、填製和審核會計憑證是會計工作的開始環節。（　　）
　7. 原始憑證不能表明交易或事項歸類的會計科目和記帳方向，記帳憑證可以。
　　　　　　　　　　　　　　　　　　　　　　　　　　　　　　　　　（　　）
　8. 自制原始憑證必須由單位會計人員自行填製，非會計人員不能填製原始憑證。
　　　　　　　　　　　　　　　　　　　　　　　　　　　　　　　　　（　　）
　9. 記帳憑證編製時出現錯誤，應按要求更改。　　　　　　　　　　　（　　）
　10. 涉及現金和銀行存款增減的業務編製收款記帳憑證或付款憑證，不涉及現金和銀行存款的業務編製轉帳憑證。　　　　　　　　　　　　　　　　　　　（　　）

11. 單式記帳憑證便於分工記帳，復式記帳憑證不便於分工記帳。　　（　　）
12. 所有記帳憑證都必須附有原始憑證，並要填寫所附原始憑證的張數。（　　）
13. 為了避免重複記帳，企業將現金存入銀行或從銀行提取現金的事項，一般只編製付款憑證，不同時編製收款憑證。　　（　　）
14. 在填製記帳憑證時，可以只填會計科目的編號，不填會計科目名稱，以簡化記帳憑證的編製。　　（　　）
15. 實行會計電算化的單位，其記帳憑證可由計算機自動編製，無須經會計人員確認。
　　（　　）
16. 原始憑證不得外借，其他單位如因特殊需要使用原始憑證時，會計人員可以為其複製。　　（　　）
17. 一式多聯的原始憑證，應當註明各聯的用途，只有一聯作為報銷憑證。（　　）
18. 單式記帳憑證包括借項記帳憑證和貸項記帳憑證兩種。　　（　　）
19. 原始憑證對於發生和完成的經濟業務具有法律證明效力。　　（　　）
20. 由於自制原始憑證的名稱、用途不同，其內容、格式也不相同，因而不需要對其真實性、完整性和合法性進行審核。　　（　　）

四、名詞解釋

會計憑證　　原始憑證　　記帳憑證　　專用記帳憑證

五、簡答題

1. 什麼是會計憑證？會計憑證的意義是什麼？
2. 什麼是原始憑證？原始憑證是如何分類的？
3. 怎樣填製和審核原始憑證？
4. 怎樣填製和審核記帳憑證？

六、業務題

資料：M企業2015年5月發生以下經濟業務：

（1）1日，M企業收到甲對企業的現金投資450,000元存入銀行；乙對企業投資一臺設備，協商作價250,000元；丙對企業投資一項無形資產，協商作價300,000元。

（2）2日，M企業從中國工商銀行借入長期借款500,000元存入銀行。

（3）3日，M企業用銀行存款從B公司購入一批甲材料已入庫，材料的實際成本為80,000元。

（4）4日，M企業從A公司購入一批乙材料，價款150,000元，貨款暫欠。

（5）5日，M企業從中國銀行借入短期借款150,000元，償還所欠A公司的購貨款。

（6）6日，M企業生產A產品從材料倉庫領用甲材料30,000元。

(7) 7 日，M 企業從銀行提取現金 40,000 元以備零用。

(8) 8 日，M 企業以銀行存款 220,000 元購入設備一臺。

(9) 9 日，M 企業向股東宣告發放現金股利 250,000 元，股利暫時還未發放。

(10) 10 日，M 企業經其他股東同意，丙抽回其投資 100,000 元，以現金支付。

(11) 11 日，M 企業以銀行存款償還工商銀行短期借款 180,000 元。

(12) 12 日，經全體股東同意，M 企業將銀行借款 200,000 元轉作投資，銀行成為 M 企業的股東之一。

(13) 13 日，M 企業預收 N 公司的購貨款 400,000 元存入銀行。

(14) 14 日，M 企業以銀行存款 80,000 元向 H 公司投資，成為 H 公司的股東之一。

(15) 15 日，經全體股東同意，M 企業將以前未分配完的利潤轉作股本 100,000 元（分配股票股利）。

要求：(1) 根據業務編製通用記帳憑證。

(2) 根據業務編製專用記帳憑證。

參 考 答 案

一、單項選擇題

1. C 2. C 3. D 4. C 5. D 6. B 7. A 8. C 9. D 10. A 11. B 12. D 13. D
14. D 15. C 16. C 17. B 18. B 19. B 20. C

二、多項選擇題

1. BC 2. AB 3. AC 4. ACD 5. CD 6. ABC 7. ABC 8. AB 9. BCD 10. ABD
11. ABC 12. ACD 13. ACD 14. ABCD 15. AB

三、判斷題

1. × 2. √ 3. × 4. √ 5. × 6. √ 7. √ 8. × 9. × 10. √ 11. √ 12. ×
13. √ 14. × 15. × 16. √ 17. √ 18. √ 19. √ 20. ×

四、名詞解釋

會計憑證是記錄經濟業務、明確經濟責任、作為記帳依據的書面證明。

原始憑證又稱單據，是在經濟業務發生或完成時取得或填製的，用以證明經濟業務的發生，明確經濟責任，並作為記帳原始依據的一種會計憑證。

記帳憑證是會計部門根據審核無誤的原始憑證，運用復式記帳法編製會計分錄，作為登記帳簿的直接依據的一種會計憑證。

專用記帳憑證是根據經濟業務是否涉及現金收付分類編製的會計憑證。專用記帳憑

證分為收款憑證、付款憑證和轉帳憑證。

五、簡答題

1. 會計憑證是記錄經濟業務、明確經濟責任、作為記帳依據的書面證明。會計憑證的填製和審核是會計工作的基礎。填製會計憑證為會計監督提供了客觀依據，審核會計憑證可保證會計記錄的真實準確，促使會計主體的經濟活動合理合法，有助於企業實行經濟責任制，對於保障會計職能的發揮具有重要意義。

2. 原始憑證又稱單據，是在經濟業務發生或完成時取得或填製的，用以證明經濟業務的發生，明確經濟責任，並作為記帳原始依據的一種會計憑證。原始憑證按其來源，可分為外來原始憑證和自製原始憑證兩種。前者是在經濟業務發生時從外單位取得的，如購貨時取得的發票、付款時取得的收據等。後者是由本單位經辦人員填製的，如貨物驗收入庫的收貨單、銷售貨物時的發貨單等。原始憑證按其填製方法，還可分為一次憑證、累計憑證和匯總憑證。

3. 原始憑證填製的基本要求是必須完整填寫憑證的名稱及填製憑證的日期、填製憑證單位名稱或者填製人姓名、經辦人員簽名或者蓋章、接受憑證單位名稱、經濟業務內容等原始憑證的內容。

審核原始憑證要注意以下兩點：

（1）審核原始憑證所記錄的經濟業務的合法性。這就是審核發生的經濟業務是否符合國家的政策、法令、制度的規定，有無違反財經紀律等違法亂紀行為。

（2）審核原始憑證填寫的內容是否符合規定的要求，如查明憑證所記錄的經濟業務是否符合實際情況、應填寫的項目是否齊全、數字和文字是否正確、書寫是否清楚、有關人員是否已簽名蓋章等。如有手續不完備或數字計算錯誤的憑證，應由經辦人員補辦手續或更正錯誤。

4. 填製記帳憑證要求填列經濟業務的內容摘要、應借或應貸的會計科目、金額、填製相關人員的簽章、記帳憑證的填製日期、憑證編號及所附原始憑證的張數等。

審核記帳憑證要注意以下三個方面：

（1）記帳憑證是否附有經審核無誤的原始憑證，原始憑證記錄的經濟內容與數額是否同記帳憑證相符。

（2）記帳憑證上編製的會計分錄是否正確，即應借、應貸的會計科目名稱及業務內容是否符合會計制度的規定，科目對應關係是否清晰，金額是否正確等。

（3）記帳憑證中的有關項目是否按要求正確地填寫齊全，有關人員是否簽名蓋章等。

六、業務題

1. 編製通用記帳憑證如表 8-1～表 8-15：

(1)

表 8-1　　　　　　　　　　　　　　通用記帳憑證　　　　　　　　　　　單位：元

2015 年 5 月 1 日　　　　　　　　　　　　　　　　　　　　第 1 號

摘　要	會計科目		記帳	借方金額	貸方金額
	總帳科目	明細科目			
接受投資	銀行存款	人民幣		450,000	
	固定資產	設備		250,000	
	無形資產	土地使用權		300,000	
	實收資本				1,000,000
		甲			450,000
		乙			250,000
		丙			300,000
合計				1,000,000	1,000,000

會計主管：李明　　記帳：張一　　出納：陳紅　　復核：王二　　制證：周星

(2)

表 8-2　　　　　　　　　　　　　　通用記帳憑證　　　　　　　　　　　單位：元

2015 年 5 月 2 日　　　　　　　　　　　　　　　　　　　　第 2 號

摘　要	會計科目		記帳	借方金額	貸方金額
	總帳科目	明細科目			
從銀行取得借款	銀行存款	人民幣		500,000	
	長期借款	工商銀行			500,000
	合計			500,000	500,000

會計主管：李明　　記帳：張一　　出納：陳紅　　復核：王二　　制證：周星

（3）

表 8-3　　　　　　　　　　　　　通用記帳憑證　　　　　　　　　　單位：元

2015 年 5 月 3 日　　　　　　　　　　　　　　　　第 3 號

摘　要	會計科目		記帳	借方金額	貸方金額
	總帳科目	明細科目			
購料已付款	原材料	甲材料		80,000	
	銀行存款	人民幣			80,000
合計				80,000	80,000

會計主管：李明　　　記帳：張一　　　出納：陳紅　　　復核：王二　　　制證：周星

（4）

表 8-4　　　　　　　　　　　　　通用記帳憑證　　　　　　　　　　單位：元

2015 年 5 月 4 日　　　　　　　　　　　　　　　　第 4 號

摘　要	會計科目		記帳	借方金額	貸方金額
	總帳科目	明細科目			
購料未付款	原材料	乙材料		150,000	
	應付帳款	A 公司			150,000
合計				150,000	150,000

會計主管：李明　　　記帳：張一　　　出納：　　　　復核：王二　　　制證：周星

（5）

表 8-5　　　　　　　　　　　　　通用記帳憑證　　　　　　　　　　單位：元

2015 年 5 月 5 日　　　　　　　　　　　　　　　　第 5 號

摘　要	會計科目		記帳	借方金額	貸方金額
	總帳科目	明細科目			
取得借款	應付帳款	A 公司		150,000	
	短期借款	中國銀行			150,000
合計				150,000	150,000

會計主管：李明　　　記帳：張一　　　出納：　　　　復核：王二　　　制證：周星

（6）

表 8-6　　　　　　　　　　　　　通用記帳憑證　　　　　　　　　　　單位：元

2015 年 5 月 6 日　　　　　　　　　　　第 6 號

摘　要	會計科目		記帳	借方金額	貸方金額
	總帳科目	明細科目			
生產產品領用材料	生產成本	A 產品		30,000	
	原材料	甲材料			30,000
	合計			30,000	30,000

會計主管：李明　　　記帳：張一　　　出納：　　　復核：王二　　　制證：周星

（7）

表 8-7　　　　　　　　　　　　　通用記帳憑證　　　　　　　　　　　單位：元

2015 年 5 月 7 日　　　　　　　　　　　第 7 號

摘　要	會計科目		記帳	借方金額	貸方金額
	總帳科目	明細科目			
提現備用	庫存現金	人民幣		40,000	
	銀行存款	人民幣			40,000
	合計			40,000	40,000

會計主管：李明　　　記帳：張一　　　出納：陳紅　　復核：王二　　　制證：周星

（8）

表 8-8　　　　　　　　　　　　　通用記帳憑證　　　　　　　　　　　單位：元

2015 年 5 月 8 日　　　　　　　　　　　第 8 號

摘　要	會計科目		記帳	借方金額	貸方金額
	總帳科目	明細科目			
購設備付款	固定資產	設備		220,000	
	銀行存款	人民幣			220,000
	合計			220,000	220,000

會計主管：李明　　　記帳：張一　　　出納：陳紅　　復核：王二　　　制證：周星

(9)

表 8-9　　　　　　　　　　　　通用記帳憑證　　　　　　　　　　　　單位：元

2015 年 5 月 9 日　　　　　　　　　　　　第 9 號

摘　要	會計科目		記帳	借方金額	貸方金額
	總帳科目	明細科目			
宣告發放股利	利潤分配	現金股利		250,000	
	應付股利				250,000
	合計			250,000	250,000

會計主管：李明　　　記帳：張一　　　出納：　　　復核：王二　　　制證：周星

(10)

表 8-10　　　　　　　　　　　　通用記帳憑證　　　　　　　　　　　　單位：元

2015 年 5 月 10 日　　　　　　　　　　　　第 10 號

摘　要	會計科目		記帳	借方金額	貸方金額
	總帳科目	明細科目			
丙抽回投資	實收資本	丙		100,000	
	庫存現金				100,000
	合計			100,000	100,000

會計主管：李明　　　記帳：張一　　　出納：陳紅　　　復核：王二　　　制證：周星

(11)

表 8-11　　　　　　　　　　　　通用記帳憑證　　　　　　　　　　　　單位：元

2015 年 5 月 11 日　　　　　　　　　　　　第 11 號

摘　要	會計科目		記帳	借方金額	貸方金額
	總帳科目	明細科目			
償還借款	短期借款			180,000	
	銀行存款	人民幣			180,000
	合計			180,000	180,000

會計主管：李明　　　記帳：張一　　　出納：陳紅　　　復核：王二　　　制證：周星

（12）

表 8-12　　　　　　　　　　　　通用記帳憑證　　　　　　　　　單位：元
2015 年 5 月 12 日　　　　　　　　　　　　　　第 12 號

摘　要	會計科目		記帳	借方金額	貸方金額
	總帳科目	明細科目			
借款轉作投資	短期借款			200,000	
	實收資本	銀行			200,000
	合計			200,000	200,000

會計主管：李明　　　記帳：張一　　　出納：　　　復核：王二　　　制證：周星

（13）

表 8-13　　　　　　　　　　　　通用記帳憑證　　　　　　　　　單位：元
2015 年 5 月 13 日　　　　　　　　　　　　　　第 13 號

摘　要	會計科目		記帳	借方金額	貸方金額
	總帳科目	明細科目			
收到預收款	銀行存款			400,000	
	預收帳款	N 公司			400,000
	合計			400,000	400,000

會計主管：李明　　　記帳：張一　　　出納：陳紅　　　復核：王二　　　制證：周星

（14）

表 8-14　　　　　　　　　　　　通用記帳憑證　　　　　　　　　單位：元
2015 年 5 月 14 日　　　　　　　　　　　　　　第 14 號

摘　要	會計科目		記帳	借方金額	貸方金額
	總帳科目	明細科目			
以存款對外投資	長期股權投資	H 公司		80,000	
	銀行存款	人民幣			80,000
	合計			80,000	80,000

會計主管：李明　　　記帳：張一　　　出納：陳紅　　　復核：王二　　　制證：周星

(15)

表 8-15　　　　　　　　　　　　　通用記帳憑證　　　　　　　　　　　　單位：元

2015 年 5 月 15 日　　　　　　　　　　　　第 15 號

摘　要	會計科目		記帳	借方金額	貸方金額
	總帳科目	明細科目			
分配股票股利	利潤分配	未分配利潤		100,000	
	實收資本				100,000
	合計			100,000	100,000

會計主管：李明　　　記帳：張一　　　出納：　　　復核：王二　　　制證：周星

2. 編製專用記帳憑證如表 8-16～表 8-31：

(1)

表 8-16　　　　　　　　　　　　　收款憑證　　　　　　　　　　　　　單位：元

借方科目：銀行存款　　　　　2015 年 5 月 1 日　　　　　　　銀收第 1 號

摘　要	貸方科目		借方金額	貸方金額
	總帳科目	明細科目		
收到投資存入銀行	實收資本	甲	450,000	
	合計		450,000	

會計主管：李明　　　記帳：張一　　　出納：陳紅　　　復核：王二　　　制證：周星

(2)

表 8-17　　　　　　　　　　　　　轉帳憑證　　　　　　　　　　　　　單位：元

2015 年 5 月 1 日　　　　　　　　　　　　轉第 1 號

摘　要	會計科目		記帳	借方金額	貸方金額
	總帳科目	明細科目			
接收投資	固定資產	設備		250,000	
	無形資產	土地使用權		300,000	
	實收資本				550,000
		乙			250,000
		丙			300,000
	合計			550,000	550,000

會計主管：李明　　　記帳：張一　　　出納：　　　復核：王二　　　制證：周星

（3）

表 8-18　　　　　　　　　　　　　　收款憑證　　　　　　　　　　　　　　單位：元

借方科目：銀行存款　　　　　　2015 年 5 月 2 日　　　　　　　　　　銀收第 2 號

摘　要	貸方科目		金額	記帳
	總帳科目	明細科目		
從銀行取得長期借款	長期借款	工商銀行	500,000	
	合計		500,000	

會計主管：李明　　　記帳：張一　　　出納：陳紅　　　復核：王二　　　制證：周星

（4）

表 8-19　　　　　　　　　　　　　　付款憑證　　　　　　　　　　　　　　單位：元

貸方科目：銀行存款　　　　　　2015 年 5 月 3 日　　　　　　　　　　銀付第 1 號

摘　要	借方科目		金額	記帳
	總帳科目	明細科目		
購料已付款	原材料	甲	80,000	
	合計		80,000	

會計主管：李明　　　記帳：張一　　　出納：陳紅　　　復核：王二　　　制證：周星

（5）

表 8-20　　　　　　　　　　　　　　轉帳憑證　　　　　　　　　　　　　　單位：元

　　　　　　　　　　　　　　　　　2015 年 5 月 4 日　　　　　　　　　　轉 2 號

摘　要	會計科目		記帳	借方金額	貸方金額
	總帳科目	明細科目			
購料未付款	原材料	乙材料		150,000	
	應付帳款	A 公司			150,000
	合計			150,000	150,000

會計主管：李明　　　記帳：張一　　　出納：　　　復核：王二　　　制證：周星

(6)

表 8-21　　　　　　　　　　　　　轉帳憑證　　　　　　　　　　　單位：元

2015 年 5 月 5 日　　　　　　　　　　轉第 3 號

摘　要	會計科目		記帳	借方金額	貸方金額
	總帳科目	明細科目			
取得借款	應付帳款	A 公司		150,000	
	短期借款	中國銀行			150,000
	合計			150,000	150,000

會計主管：李明　　　記帳：張一　　　出納：　　　　復核：王二　　　制證：周星

(7)

表 8-22　　　　　　　　　　　　　轉帳憑證　　　　　　　　　　　單位：元

2015 年 5 月 6 日　　　　　　　　　　轉第 4 號

摘　要	會計科目		記帳	借方金額	貸方金額
	總帳科目	明細科目			
生產產品領用材料	生產成本	A 產品		30,000	
	原材料	甲材料			30,000
	合計			30,000	30,000

會計主管：李明　　　記帳：張一　　　出納：　　　　復核：王二　　　制證：周星

(8)

表 8-23　　　　　　　　　　　　　付款憑證　　　　　　　　　　　單位：元

貸方科目：銀行存款　　　　　　2015 年 5 月 7 日　　　　　　　　銀付第 2 號

摘要	借方科目		金額	記帳
	總帳科目	明細科目		
從銀行提現	庫存現金	人民幣	40,000	
	合計		40,000	

會計主管：李明　　　記帳：張一　　　出納：陳紅　　　復核：王二　　　制證：周星

(9)

表 8-24　　　　　　　　　　　　　付款憑證　　　　　　　　　　　　單位：元

貸方科目：銀行存款　　　　　　　2015 年 5 月 8 日　　　　　　　　銀付第 3 號

摘要	借方科目		金額	記帳
	總帳科目	明細科目		
購設備已付款	固定資產		220,000	
合計			220,000	

會計主管：李明　　　記帳：張一　　　出納：陳紅　　　復核：王二　　　制證：周星

(10)

表 8-25　　　　　　　　　　　　　轉帳憑證　　　　　　　　　　　　單位：元

　　　　　　　　　　　　　　　　2015 年 5 月 9 日　　　　　　　　轉第 5 號

摘　要	會計科目		記帳	借方金額	貸方金額
	總帳科目	明細科目			
宣告發放股利	利潤分配	現金股利		250,000	
	應付股利				250,000
合計				250,000	250,000

會計主管：李明　　　記帳：張一　　　出納：　　　復核：王二　　　制證：周星

(11)

表 8-26　　　　　　　　　　　　　付款憑證　　　　　　　　　　　　單位：元

貸方科目：庫存現金　　　　　　　2015 年 5 月 10 日　　　　　　　現付第 1 號

摘要	借方科目		金額	記帳
	總帳科目	明細科目		
退回投資者投入資本	實收資本	丙	100,000	
合計			100,000	

會計主管：李明　　　記帳：張一　　　出納：陳紅　　　復核：王二　　　制證：周星

(12)

表 8-27　　　　　　　　　　　　　付款憑證　　　　　　　　　　　單位：元

貸方科目：銀行存款　　　　　2015 年 5 月 11 日　　　　　　　　銀付第 4 號

摘要	借方科目		金額	記帳
	總帳科目	明細科目		
償還銀行短期借款	短期借款	工商銀行	180,000	
合計			180,000	

會計主管：李明　　　記帳：張一　　　出納：陳紅　　　復核：王二　　　制證：周星

(13)

表 8-28　　　　　　　　　　　　　轉帳憑證　　　　　　　　　　　單位：元

　　　　　　　　　　　　　　　2015 年 5 月 12 日　　　　　　　　轉第 6 號

摘　要	會計科目		記帳	借方金額	貸方金額
	總帳科目	明細科目			
借款轉作投資	短期借款			200,000	
	實收資本	銀行			200,000
合計				200,000	200,000

會計主管：李明　　　記帳：張一　　　出納：　　　復核：王二　　　制證：周星

(14)

表 8-29　　　　　　　　　　　　　收款憑證　　　　　　　　　　　單位：元

借方科目：銀行存款　　　　　2015 年 5 月 13 日　　　　　　　　銀收第 3 號

摘要	貸方科目		金額	記帳
	總帳科目	明細科目		
收到預收款存入銀行	預收帳款	N 公司	400 000	
合計			400 000	

會計主管：李明　　　記帳：張一　　　出納：陳紅　　　復核：王二　　　制證：周星

(15)

表 8-30　　　　　　　　　　　　　　**付款憑證**　　　　　　　　　　　單位：元

貸方科目：銀行存款　　　　　　　2015 年 5 月 14 日　　　　　　　銀付第 5 號

摘要	借方科目		金額	記帳
	總帳科目	明細科目		
以銀行存款對外投資	長期股權投資	H 公司	800,000	
合計			800,000	

會計主管：李明　　　記帳：張一　　　出納：陳紅　　　復核：王二　　　制證：周星

(16)

表 8-31　　　　　　　　　　　　　　**轉帳憑證**　　　　　　　　　　　單位：元

　　　　　　　　　　　　　　　　2015 年 5 月 15 日　　　　　　　　第 7 號

摘要	會計科目		記帳	借方金額	貸方金額
	總帳科目	明細科目			
分配股票股利	利潤分配	未分配利潤		100,000	
	實收資本				100,000
合計				100,000	100,000

會計主管：李明　　　記帳：張一　　　出納：　　　復核：王二　　　制證：周星

第九章　會計帳簿

學習重點及難點

一、會計帳簿的概念及作用
　　會計帳簿是由具有一定格式、互相聯繫的帳頁組成的，依據會計憑證序時或分類地記錄和反應會計主體各項經濟業務的簿籍。會計帳簿是編製財務報表的重要依據。
　　會計帳簿的作用具體表現在以下幾個方面：
　　（1）會計帳簿是系統、全面歸納、累積會計核算資料的基本形式。
　　（2）會計帳簿是會計分析和會計檢查的重要依據。
　　（3）會計帳簿是定期編製財務報表的基礎。
　　（4）會計帳簿是劃清特定範圍經濟責任的有效工具。

二、會計帳簿的分類
　　會計帳簿按用途不同，一般可分為序時帳簿、分類帳簿和備查帳簿三種。
　　會計帳簿按其外表形式不同，一般可分為訂本式帳簿、活頁式帳簿和卡片式帳簿三種。

三、序時帳簿的基本格式與登記
　　序時帳簿又稱日記帳，可以用來連續記錄企業全部（或部分）經濟業務，即普通日記帳，也可以用來連續記錄企業某一類經濟業務，即特種日記帳。
　　序時帳簿的基本格式是三欄式，即反應「借方」「貸方」「余額」。
　　序時帳簿要逐日逐筆順序登記。

四、分類帳簿的格式
　　分類帳簿分為總分類帳簿和明細分類帳簿。
　　總分類帳簿的格式因採用的記帳方法和會計核算組織程序的不同而不同。一般來說，總分類帳簿的基本格式是借、貸、余三欄訂本式帳簿。
　　明細分類帳簿的一般採用活頁式會計帳簿，有的也採用卡片式會計帳簿，如固定資產明細帳。其具體格式主要有以下三種：三欄式、數量金額欄式、多欄式。

五、會計帳簿的登記規則

瞭解會計帳簿啟用與交接的規則，掌握會計帳簿的登記規則和更正錯帳的方法。

更正錯帳的方法有以下三種：

（1）劃線更正法。會計憑證記錄無誤，會計帳簿的文字或數字記錄有誤時，應採用劃線更正法。先將錯誤的文字或數字劃一單紅線註銷，並在劃線處加蓋更正人的圖章，以示負責。

（2）紅字更正法。紅字更正法又稱赤字衝帳法或紅筆訂正法。會計憑證上的分錄有錯誤，並且引起登簿有誤時，應採用紅字更正法。先填製一張與錯誤憑證完全相同的紅字記帳憑證並登簿，衝銷原記錄，然后編製一張正確的會計憑證並登簿。

（3）補充登記法。會計憑證中的借貸方向和會計科目無誤，只是實記金額小於應記金額，同時引起登記帳簿金額少記，應採用補充登記法。編製一張少記的差額會計憑證並登簿，補充完整。

練習題

一、單項選擇題

1. 按照經濟業務發生的時間先后順序逐日逐筆連續登記的帳簿是（　　）。
    A. 明細分類帳　　　　　　　　B. 備查帳
    C. 總分類帳　　　　　　　　　D. 日記帳
2. 用於分類記錄單位的全部交易或事項，提供總括核算資料的帳簿是（　　）。
    A. 日記帳　　　　　　　　　　B. 明細分類帳
    C. 總分類帳　　　　　　　　　D. 備查帳
3. 債權債務明細分類帳一般採用（　　）。
    A. 多欄式帳簿　　　　　　　　B. 數量金額式帳簿
    C. 三欄式帳簿　　　　　　　　D. 以上三種都可以
4. 收入、費用明細分類帳一般採用（　　）。
    A. 多欄式帳簿　　　　　　　　B. 兩欄式帳簿
    C. 三欄式帳簿　　　　　　　　D. 數量金額式帳簿
5. 下列各項中，應設置備查帳簿進行登記的是（　　）。
    A. 經營性租入的固定資產　　　B. 經營性租出的固定資產
    C. 無形資產　　　　　　　　　D. 資本公積
6. 下列明細分類帳中，應採用數量金額式帳簿的是（　　）。
    A. 應收帳款明細帳　　　　　　B. 產成品明細帳
    C. 應付帳款明細帳　　　　　　D. 管理費用明細帳

7. 下列帳簿中，必須採用訂本式帳簿的是（　　）。
　　A. 備查帳　　　　　　　　　　B. 總帳
　　C. 明細分類帳　　　　　　　　D. 庫存現金和銀行存款日記帳
8. 下列帳簿中，可以採用卡片式帳簿的是（　　）。
　　A. 固定資產總帳　　　　　　　B. 固定資產明細帳
　　C. 日記總帳　　　　　　　　　D. 日記帳
9. 下列明細分類帳中，可以採用三欄式帳頁格式的是（　　）。
　　A. 管理費用明細帳　　　　　　B. 原材料明細帳
　　C. 物資採購明細帳　　　　　　D. 應交稅金明細帳
10. 下列明細分類帳中，應採用多欄式帳頁格式的是（　　）。
　　A. 生產明細帳　　　　　　　　B. 原材料明細帳
　　B. 其他應收款明細帳　　　　　D. 應交稅金
11. 下列帳簿中，一般情況下不需根據記帳憑證登記的帳簿是（　　）。
　　A. 日記帳　　　　　　　　　　B. 總分類帳
　　C. 備查帳　　　　　　　　　　D. 明細分類帳
12. 下列帳簿中，屬於聯合帳簿的是（　　）。
　　A. 日記總帳　　　　　　　　　B. 多欄式銀行存款日記帳
　　C. 輔助帳簿　　　　　　　　　D. 備查帳簿
13. 下列明細帳中，不宜採用三欄式帳頁格式的是（　　）。
　　A. 應收帳款明細帳　　　　　　B. 應付帳款明細帳
　　C. 管理費用明細帳　　　　　　D. 短期借款明細帳
14. 庫存現金日記帳和銀行存款日記帳應當（　　）。
　　A. 定期登記　　　　　　　　　B. 逐日逐筆登記
　　C. 匯總登記　　　　　　　　　D. 合併登記
15. 記帳人員根據記帳憑證登記完畢帳簿后，要在記帳憑證上註明已記帳的符號，主要是為了（　　）。
　　A. 便於明確記帳責任　　　　　B. 避免錯行或隔頁
　　C. 避免重記或漏記　　　　　　D. 防止憑證丟失
16. 下列帳簿中，要求必須逐日結出餘額的是（　　）。
　　A. 庫存現金日記帳和銀行存款日記帳
　　B. 債權債務明細帳
　　C. 財產物資明細帳
　　D. 總帳
17. 庫存現金日記帳和銀行存款日記帳，每一帳頁登記完畢結轉下頁時，結計「過次頁」的本頁合計數應當為（　　）的發生額合計數。

A. 本頁　　　　　　　　　　B. 自本月初起至本頁末止
C. 本月　　　　　　　　　　D. 自本年初起至本頁末止

18. 下列記帳錯誤中，適合用「除 2 法」進行查找的是（　　）。
A. 數字順序錯位　　　　　　B. 相鄰數字顛倒
C. 記反帳　　　　　　　　　D. 漏記或重記

19. 某企業用現金支付職工報銷醫藥費 35 元，會計人員編製的付款憑證為借記「應付職工薪酬」53 元，貸記「庫存現金」53 元，並已登記入帳。當年發現記帳錯誤，更正時應採用的更正方法是（　　）。
A. 劃線更正法　　　　　　　B. 紅字更正法
C. 補充登記法　　　　　　　D. 重編正確的付款憑證

20. 記帳憑證填製正確，記帳時文字或數字發生筆誤引起的錯誤，應採用（　　）進行更正。
A. 劃線更正法　　　　　　　B. 重新登記法
C. 紅字更正法　　　　　　　D. 補充登記法

21. 某企業通過銀行收回應收帳款 8,000 元，在填製記帳憑證時，誤將金額記為 6,000元，並已登記入帳。當年發現記帳錯誤，更正時應採用的更正方法是（　　）。
A. 重編正確的收款憑證　　　B. 劃線更正法
C. 紅字更正法　　　　　　　D. 補充登記法

22. 企業材料總帳余額與材料明細帳的余額進行核對屬於（　　）。
A. 帳證核對　　　　　　　　B. 帳帳核對
C. 帳表核對　　　　　　　　D. 帳實核對

23. 紅字更正法的主要優點是（　　）。
A. 清晰明瞭　　　　　　　　B. 避免帳戶的借貸發生額虛增
C. 減少更正錯帳的手續　　　D. 節省工作時間

24. 記帳人員記帳后發現某筆數字多記了 36，他用「除 9 法」查出是將相鄰數記顛倒了，則下列數字中，記錯的數字可能是（　　）。
A. 85　　　B. 46　　　C. 73　　　D. 27

25. 記帳人員在登記帳簿后，發現所依據的記帳憑證中使用的會計科目有誤，則更正時應採用的更正方法是（　　）。
A. 塗改更正法　　　　　　　B. 劃線更正法
C. 紅字更正法　　　　　　　D. 補充登記法

26. 企業結帳時（　　）。
A. 一定要原始憑證　　　　　B. 不需要原始憑證
C. 可以要，也可以不要原始憑證　D. 以上說法都不對

27. 下列帳簿中不可以採用活頁式帳簿的是（　　）。

A. 庫存現金日記帳 B. 固定資產明細帳
C. 產成品明細帳 D. 原材料總帳

28. 日記帳的最大特點是（　　）。
A. 按庫存現金和銀行存款設置帳戶
B. 可以提供庫存現金和銀行存款的每日發生額
C. 隨時逐筆順序登記庫存現金和銀行存款的發生額並逐日結出餘額
D. 主要提供庫存現金和銀行存款的每日餘額

29. （　　）的目的是為了帳簿記錄的真實、可靠、正確、完整。
A. 過帳 B. 結帳
C. 轉帳 D. 對帳

30. 登記帳簿的依據是（　　）。
A. 原始憑證 B. 經濟合同
C. 記帳憑證 D. 會計報表

二、多項選擇題

1. 會計帳簿按用途不同，可分為（　　）。
A. 日記帳 B. 分類帳
C. 備查帳 D. 總帳

2. 會計帳簿按外形特徵不同，可分為（　　）。
A. 多欄式帳簿 B. 訂本式帳簿
C. 活頁式帳簿 D. 卡片式帳簿

3. 關於會計帳簿的意義，下列說法正確的是（　　）。
A. 通過帳簿的設置和登記，記載、儲存會計信息
B. 通過帳簿的設置和登記，分類、匯總會計信息
C. 通過帳簿的設置和登記，檢查、校正會計信息
D. 通過帳簿的設置和登記，編報、輸出會計信息

4. 下列帳簿中，可採用三欄式的明細帳有（　　）。
A. 應收帳款明細帳 B. 預付費用明細帳
C. 管理費用明細帳 D. 應付帳款明細帳

5. 下列帳簿中，應採用多欄式帳簿的有（　　）。
A. 管理費用明細帳 B. 生產成本明細帳
C. 應收帳款明細帳 D. 其他應收款——備用金明細帳

6. 下列帳簿中，應採用數量金額式帳簿的有（　　）。
A. 應收帳款明細帳 B. 原材料明細帳
C. 庫存商品明細帳 D. 固定資產明細帳

7. 記帳錯誤主要表現為漏記、重記和錯記三種。錯記又表現為(　　)等。
   A. 會計科目錯記　　　　　　　B. 金額錯記
   C. 記帳方向錯記　　　　　　　D. 以上三個全對
8. 常用的錯帳查找方法有(　　)。
   A. 順查法　　　　　　　　　　B. 抽查法
   C. 逆查法　　　　　　　　　　D. 偶合查法
9. 下列錯帳中，適用於「除9法」查找的有(　　)。
   A. 發生角、分的差錯　　　　　B. 將 30,000 元寫成 3,000 元
   C. 將 400 元寫成 4,000 元　　　D. 將 76,000 元寫成 67,000 元
10. 下列錯帳更正方法中，可用於更正因記帳憑證錯誤而導致帳簿記錄錯誤的方法有(　　)。
    A. 劃線更正法　　　　　　　　B. 差數核對法
    C. 紅字更正法　　　　　　　　D. 補充登記法
11. 下列對帳工作中，屬於帳帳核對的有(　　)。
    A. 銀行存款日記帳與銀行對帳單的核對
    B. 總帳帳戶與所屬明細帳帳戶的核對
    C. 應收款項明細帳與債務人帳項的核對
    D. 會計部門的財產物資明細帳與財產物資保管、使用部門明細帳的核對
12. 帳實核對的主要內容包括(　　)。
    A. 庫存現金日記帳帳面余額與庫存現金實際庫存數核對
    B. 固定資產明細帳的固定資產數與固定資產實物核對
    C. 財產物資明細帳帳面結存數與財產物資實存數核對
    D. 原材料總帳帳面余額與原材料明細帳帳面余額核對
13. 關於結帳，以下說法正確的有(　　)。
    A. 總帳帳戶應按月結出本月發生額和月末余額
    B. 庫存現金日記帳應按月結出本月發生額和月末余額
    C. 應收帳款明細帳應在每次記帳后隨時結出余額
    D. 年終應將所有總帳帳戶結計全年發生額和年末余額
14. 下列帳簿中，可以跨年度連續使用的有(　　)。
    A. 主營業務收入明細帳　　　　B. 應付帳款明細帳
    C. 固定資產卡片帳　　　　　　D. 租入固定資產登記簿
15. 活頁帳的主要優點有(　　)。
    A. 可以根據實際需要隨時插入空白帳頁
    B. 可以防止帳頁散失
    C. 可以防止記帳錯誤

D. 便於分工記帳

16. 企業會計實務中，採用訂本式的帳簿有（　　）。
    A. 固定資產總帳　　　　　　　　B. 固定資產明細帳
    C. 現金日記帳　　　　　　　　　D. 原材料總帳

17. 在帳務處理中，可用紅色墨水的情況有（　　）。
    A. 過次頁帳　　　　　　　　　　B. 衝帳
    C. 帳簿期末結帳劃線　　　　　　D. 結帳分錄

18. 下列各帳戶中，需要在年末將余額過入下一年開設的新帳中的是（　　）。
    A. 管理費用　　　　　　　　　　B. 銀行存款
    C. 固定資產　　　　　　　　　　D. 生產成本

19. 帳簿按用途不同可分為（　　）。
    A. 序時帳簿　　　　　　　　　　B. 訂本式帳簿
    C. 分類帳簿　　　　　　　　　　D. 備查帳簿

20. 下列符合登記帳簿要求的有（　　）。
    A. 可以用圓珠筆記帳　　　　　　B. 應按頁逐行登記，不得隔頁跳行
    C. 日記帳要逐筆逐日登記　　　　D. 所有帳簿都應逐筆逐日登記

三、判斷題

1. 會計帳簿的記錄是編製會計報表的前提和依據，也是檢查、分析和控製單位經濟活動的重要依據。（　　）
2. 各單位不得違反《中華人民共和國會計法》和國家統一的會計制度的規定私設會計帳簿。（　　）
3. 活頁式帳簿便於帳頁的重新排列和記帳人員的分工，但帳頁容易散失和被隨意抽換。（　　）
4. 多欄式帳簿主要適用於既需要記錄金額，又需要記錄實物數量的財產物資明細帳戶。（　　）
5. 日記帳應逐日逐筆順序登記，總帳可以逐筆登記，也可以匯總登記。（　　）
6. 登記現金日記帳的依據是現金收付款憑證和銀行收付款憑證。（　　）
7. 現金收付業務較少的單位，不必單獨設置現金日記帳，可用銀行對帳單或其他方法代替現金日記帳，以簡化核算。（　　）
8. 在物資採購明細帳中，如果同一行內借方、貸方均有記錄，則說明該項交易已處理完畢，採購的物資已驗收入庫。（　　）
9. 一般情況下，總帳都需要採用訂本式帳簿，以保證總帳記錄的安全和完整。（　　）
10. 會計帳簿登記中，如果不慎發生隔頁，應立即將空頁撕掉，並更改頁碼。（　　）

11. 原材料明細帳的每一帳頁登記完畢結轉下頁時，可以只將每頁末的余額結轉次頁，不必將本頁的發生額結轉次頁。（　）

12. 記帳時，如果整張的記帳憑證漏記或重記，就不能採用偶合法查找，只能採用順查法或逆查法逐筆查找。（　）

13. 如果發現以前年度記帳憑證中會計科目和金額有錯誤並已導致帳簿記錄出現差錯，也可以採用紅字更正法予以更正。（　）

14. 記帳憑證正確，因登記時的筆誤而引起的帳簿記錄錯誤，可以採用劃線更正法予以更正。（　）

15. 根據具體情況，會計人員可以使用鉛筆、圓珠筆、鋼筆、藍黑墨水或紅色墨水填製會計憑證，登記帳簿。（　）

16. 在期末結帳前發現帳簿記錄中文字出現錯誤，可以用紅字更正法更正。（　）

17. 對帳，就是核對帳目，即對各種會計帳簿之間相對應的記錄進行核對。（　）

18. 總帳帳戶平時只需結計月末余額，不需結計本月發生額。（　）

19. 年終結帳時有余額的帳戶，其余額結轉下年的方法是：將余額直接記入下一會計年度新建會計帳簿同一帳戶的第一行余額欄內，並在摘要欄註明「上年結轉」字樣。（　）

20. 企業年度結帳後，更換下來的帳簿，可暫由本單位財務會計部門保管一年。期滿後，原則上應由財會部門移交本單位檔案部門保管。（　）

21. 已歸檔的會計帳簿原則上不得借出，有特殊需要的經批准後可以提供複印件。（　）

22. 為了明確劃分各會計年度的界限，年度終了各種會計帳簿都應更換新帳。（　）

23. 任何單位，對帳工作至少一年進行一次。（　）

24. 在每個會計期間可多次登記帳簿，但結帳一般只能進行一次年終結帳。（　）

25. 如果發現記帳憑證上應記科目和金額錯誤，並已登記入帳，則可將填錯的記帳憑證銷毀，並另填一張正確的記帳憑證，據以入帳。（　）

26. 現金日記帳必須採用訂本式帳簿。（　）

27. 由於記帳憑證錯誤而導致帳簿記錄錯誤，應採用劃線更正法進行更正（　）。

28. 如果發現記帳憑證上應記科目和金額錯誤，還未登記入帳，則可將填錯的記帳憑證銷毀，並另填一張正確的記帳憑證，據以入帳。（　）

29. 已歸檔的會計帳簿原則上不得借出，有特殊需要的經單位領導批准後可以出借，但應盡快歸還。（　）

30. 帳簿按外表形式不同可分為序時帳簿、分類帳簿和備查帳簿。（　）

四、名詞解釋

會計帳簿　　序時帳簿　　分類帳簿　　備查帳簿

五、簡答題

1. 什麼是會計帳簿？為什麼要設置與登記會計帳簿？
2. 設置會計帳簿應遵循哪些主要原則？
3. 更正錯帳的方法有哪幾種？其適用範圍分別是什麼？

六、業務題

新華公司 2015 年 6 月結帳之前發現如下錯誤：

（1）生產 A 產品領用材料 98,000 元。原帳務處理為：

借：生產成本　　　　　　　　　　　　　　　　　　　98,000
　貸：原材料　　　　　　　　　　　　　　　　　　　　　98,000

但「生產成本」總帳有關此筆記錄錯記為 89,000 元。

（2）生產車間因維修設備領用材料 40,000 元。原帳務處理為：

借：製造費用　　　　　　　　　　　　　　　　　　　4,000
　貸：原材料　　　　　　　　　　　　　　　　　　　　　4,000

（3）本月以現金支票購買辦公用品 10,000 元，管理部門直接領用。原帳務處理為：

借：管理費用　　　　　　　　　　　　　　　　　　　10,000
　貸：庫存現金　　　　　　　　　　　　　　　　　　　　10,000

（4）通過銀行收到 M 公司前欠貨款 5,000 元。原帳務處理為：

借：銀行存款　　　　　　　　　　　　　　　　　　　50,000
　貸：應收帳款　　　　　　　　　　　　　　　　　　　　50,000

要求：根據資料指出更正方法，如何更正。

參 考 答 案

一、單項選擇題

1. D　2. C　3. D　4. A　5. A　6. B　7. D　8. B　9. D　10. A　11. C　12. A
13. C　14. B　15. C　16. A　17. B　18. C　19. B　20. A　21. D　22. B　23. B
24. C　25. C　26. B　27. A　28. C　29. D　30. C

二、多項選擇題

1. ABC　2. BCD　3. ABCD　4. ABD　5. AD　6. BC　7. ABCD　8. ABCD　9. BCD
10. CD　11. ABCD　12. ABC　13. ABCD　14. BCD　15. AD　16. ACD　17. BC
18. BCD　19. ACD　20. BC

三、判斷題
1. √ 2. √ 3. √ 4. × 5. √ 6. × 7. × 8. √ 9. √ 10. × 11. √
12. √ 13. × 14. √ 15. × 16. × 17. × 18. √ 19. √ 20. √ 21. ×
22. × 23. √ 24. √ 25. × 26. √ 27. × 28. √ 29. × 30. ×

四、名詞解釋
會計帳簿是由具有一定格式、相互聯繫的帳頁所組成的，依據會計憑證序時地、分類地記錄和反應會計主體各項經濟業務的簿籍。

序時帳簿通常又稱為日記帳，是按照經濟業務發生的時間先后順序，逐日、逐筆連續記錄經濟業務的會計帳簿。

分類帳簿是對全部經濟業務按其性質進行分類登記的帳簿。分類帳簿又可分為總分類帳簿和明細分類帳簿。

備查帳簿是對某些在序時帳簿和分類帳簿中未能記載或記載不全的經濟業務，進行補充登記的輔助會計帳簿。

五、簡答題
1. 會計帳簿是由具有一定格式、相互聯繫的帳頁所組成的，依據會計憑證序時地、分類地記錄和反應會計主體各項經濟業務的簿籍。登記會計帳簿是會計核算的一種專門方法，與會計憑證的填製和審核工作緊密銜接。只有借助於會計憑證和會計帳簿這兩種工具，帳戶和復式記帳法才能實現它們的作用。會計帳簿的作用具體表現在以下幾個方面：

（1）會計帳簿能提供系統完整的會計信息。

（2）會計帳簿是會計分析和會計檢查的重要依據。

（3）會計帳簿是定期編製財務報表的基礎。

（4）會計帳簿是重要的經濟檔案。

2. 設置帳簿應當遵循下列三項原則：

（1）帳簿的設置要能保證全面、系統地反應和監督各單位的經濟活動情況，為經營管理提供系統、分類的核算資料。

（2）設置帳簿要在滿足實際需要的前提下，考慮人力和物力的節約，力求避免重複設帳。

（3）帳簿的格式，要按照所記錄的經濟業務的內容和需要提供的核算指標進行設計，要力求簡便實用，避免繁瑣重複。

3. 更正錯帳的方法通常有三種：劃線更正法、紅字更正法和補充登記法。一般應根據錯誤的性質和具體情況選用不同的方法更正。

劃線更正法適用於在結帳前發現記帳憑證正確，純粹屬於登帳過程中產生的差錯導致的錯帳。劃線更正法僅適用於手工記帳系統，採用電子計算機進行帳務處理不能採用這種方法。

紅字更正法又稱紅字衝銷法。它適用於下列原因導致的錯帳：

(1) 記帳憑證中帳戶對應關係錯誤引起的登記帳簿錯誤。

(2) 記帳憑證中帳戶對應關係正確，只是金額多記引起登記帳簿錯誤。

補充登記法適用於記帳憑證中帳戶對應關係正確，但實記金額小於應記金額（即少記金額）引起登記帳簿錯誤。

六、業務題

(1) 該錯誤有關會計分錄正確，只是在登記「生產成本」帳簿時，將「98,000」記為了「89,000」，應採用劃線更正法。將帳簿登記的「89,000」劃一橫線，並在該數字上寫上正確的數字「98,000」。

(2) 會計分錄的方向和科目正確，應記金額大於實記金額，少記 36,000 元，應採用補充登記法更正。補充編製一張少記金額 36,000 元的記帳憑證，並登記帳簿：

借：製造費用　　　　　　　　　　　　　　　　　　　　　　36,000
　　貸：原材料　　　　　　　　　　　　　　　　　　　　　　36,000

製造費用		原材料	
原記錄 4,000			4,000 原記錄
36,000			36,000

(3) 會計分錄中的科目錯誤，並導致登記帳簿也有錯誤。貸方科目應記入「銀行存款」而不是「庫存現金」。應採用紅字衝帳法更正。

先用紅字編製一筆同樣錯誤的會計憑證並登記帳簿：

借：管理費用　　　　　　　　　　　　　　　　　　　　　　(10,000)
　　貸：庫存現金　　　　　　　　　　　　　　　　　　　　　(10,000)

管理費用		庫存現金	
原記錄 10,000			10,000 原記錄
−10,000			−10 000

再用藍字編製一筆正確的會計憑證並登記帳簿：

借：管理費用　　　　　　　　　　　　　　　　　　　　　　10,000
　　貸：銀行存款　　　　　　　　　　　　　　　　　　　　　　10,000

管理費用	銀行存款
10,000	10,000

（4）此錯誤屬於會計分錄中的金額多計，並導致登記帳簿也有錯誤。這種錯誤需要用紅字衝帳法更正。有兩種更正方法：一是用紅字衝掉原記錄，再編製正確的會計憑證；二是只用紅字衝掉多記的部分。

第一種更正方法：
先用紅字編製一筆同樣錯誤的會計分錄並登記帳簿：
借：銀行存款　　　　　　　　　　　　　　　　　　　　　（50,000）
　　貸：應收帳款　　　　　　　　　　　　　　　　　　　　（50,000）
再用藍字編製一筆正確的會計憑證並登記入帳：
借：銀行存款　　　　　　　　　　　　　　　　　　　　　　5,000
　　貸：應收帳款　　　　　　　　　　　　　　　　　　　　　 5,000

銀行存款	應收帳款
原記錄 50,000	50,000 原記錄
−50,000	−50,000
5,000	5,000

第二種更正方法：
用紅字編製一張記帳憑證衝掉多記的部分，並登記帳簿：
借：銀行存款　　　　　　　　　　　　　　　　　　　　　（45,000）
　　貸：應收帳款　　　　　　　　　　　　　　　　　　　　（45,000）

銀行存款	應收帳款
50,000	50,000
−45,000	−45 000

第十章　財產清查

學習重點及難點

一、財產清算的概念及作用
財產清查也叫財產檢查，是指通過對貨幣資金、存貨、固定資產、債權債務、票據等的盤點或核對，查明其實有數與帳存數是否相符的一種會計核算專門方法。

財產清查的作用主要表現在以下三個方面：
(1) 通過財產清查，保證會計資料的真實可靠。
(2) 防止企業資產流失，減少損失，降低成本，促進企業經濟效益的提高。
(3) 促使保管人員增強責任感，健全財產物資的管理制度。

二、財產清查的種類和內容
財產清查按清查對象和範圍，可以分為全面清查和局部清查兩種。
財產清查按財產清查的時間，可以分為定期清查和臨時清查兩種。
財產清查按財產清查的執行單位，可以分為內部清查和外部清查兩種。
財產清查的主要內容包括貨幣資金清查、存貨清查、固定資產清查等。

三、財產清查的基本方法
現金清查可以是定期進行，也可以是不定期進行。現金清查主要是對出納人員的庫存現金與銀行存款日記帳的余額進行核對。

銀行存款清查主要通過編製「銀行存款余額調節表」進行清查。

存貨的清查方法主要有實地盤點法和技術推算法。通過實地盤點確定存貨的實存數額，與其帳面余額核對。

四、財產清查結果的帳務處理
通過設置「待處理財產損溢」帳戶進行核算，查明原因後，按規定記入相關會計帳戶。

練習題

一、單項選擇題

1. 對各項財產的增減變化,根據會計憑證連續記載並隨時結出余額的制度是( )。
   A. 實地盤存制　　　　　　　　B. 應收應付制
   C. 永續盤存制　　　　　　　　D. 現金制

2. 對於財產清查中所發現的財產物資盤盈、盤虧和毀損,財會部門進行帳務處理依據的原始憑證是( )。
   A. 銀行存款余額調節表　　　　B. 實存帳存對比表
   C. 盤存單　　　　　　　　　　D. 入庫單

3. 下列憑證中,不可以作為記帳原始依據的是( )。
   A. 發貨票　　　　　　　　　　B. 銀行存款余額調節表
   C. 收料單　　　　　　　　　　D. 差旅費報銷單

4. 銀行存款的清查一般採用的方法是( )。
   A. 抽查盤點　　　　　　　　　B. 技術推算
   C. 核對帳目　　　　　　　　　D. 實地盤點

5. 「待處理財產損溢」帳戶屬於( )帳戶。
   A. 損益類　　　　　　　　　　B. 資產類
   C. 成本類　　　　　　　　　　D. 所有者權益類

6. 某企業期末銀行存款日記帳余額為 80,000 元,銀行送來的對帳單余額為 82,425 元,經對未達帳項調節后的余額為 83,925 元,則該企業在銀行的實有存款是( )元。
   A. 82,425　　　　　　　　　　B. 80,000
   C. 83,925　　　　　　　　　　D. 24,250

7. 在記帳無誤的情況下,銀行對帳單與銀行存款日記帳帳面余額不一致的原因是( )。
   A. 存在應付帳款　　　　　　　B. 存在應收帳款
   C. 存在外埠存款　　　　　　　D. 存在未達帳項

8. 下列項目的清查應採用向有關單位發函詢證核對帳目的方法是( )。
   A. 固定資產　　　　　　　　　B. 應收帳款
   C. 股本　　　　　　　　　　　D. 長期投資

9. 下列財產物資中,可以採用技術推算法進行清查的是( )。
   A. 應付帳款　　　　　　　　　B. 固定資產

C. 大宗物資 D. 應收帳款

10. 下列情況中，適合採用局部清查的方法進行財產清查的是（　　）。
    A. 年終決算時 B. 進行清產核資時
    C. 企業合併時 D. 現金和銀行存款的清查

11. 對現金清查要採用的方法是（　　）。
    A. 查詢核對法 B. 抽查檢驗法
    C. 實地盤點法 D. 技術推算法

12. 某企業遭受洪災，對期間受損的財產物資進行的清查，屬於（　　）。
    A. 局部清查和不定期清查 B. 全面清查和定期清查
    C. 局部清查和定期清查 D. 全面清查和不定期清查

13. 某企業上期盤虧的材料已查明原因，屬於自然損耗，此時應編製的會計分錄是（　　）。
    A. 借：待處理財產損溢 B. 借：原材料
       貸：原材料　　　　　　　貸：待處理財產損溢
    C. 借：管理費用 D. 借：營業外支出
       貸：待處理財產損溢　　　貸：待處理財產損溢

14. 當單位撤銷、合併或改變隸屬關係時應採用（　　）。
    A. 全面清查 B. 局部清查
    C. 定期清查 D. 實地清查

15. 「待處理財產損溢」帳戶的貸方登記（　　）。
    A. 發生的待處理財產盤虧 B. 批准處理的待處理財產盤盈
    C. 發生的待處理財產毀損 D. 批准處理的待處理財產盤虧

16. 採用永續盤存制，平時對財產物資帳簿的登記方法應該是（　　）。
    A. 只登記增加，不登記減少 B. 只登記增加，隨時倒擠算出減少
    C. 既登記增加，又登記減少 D. 只登記減少，不登記增加

17. 清查中財產盤虧是由於保管人員的責任造成的，應計入（　　）。
    A. 營業外支出 B. 管理費用
    C. 其他應收款 D. 生產成本

18. 清查中財產盤虧是由於自然災害造成的，應計入（　　）。
    A. 營業外支出 B. 管理費用
    C. 其他應收款 D. 生產成本

19. 清查中發現原材料盤虧是由於計量不準造成的，應計入（　　）。
    A. 營業外支出 B. 管理費用
    C. 其他應收款 D. 生產成本

20. 下列業務發生不需要通過「待處理財產損溢」帳戶核算的是（　　）。

A. 盤盈固定資產　　　　　　B. 盤虧原材料
C. 報廢固定資產　　　　　　D. 盤虧庫存商品

二、多項選擇題

1. 下列情況中，需要進行全面財產清查的有（　　）。
   A. 清產核資　　　　　　　B. 年終決算之前
   C. 單位撤銷、合併　　　　D. 資產重組或改變隸屬關係
2. 下列可作為原始憑證，據以調整帳簿記錄的有（　　）。
   A. 現金盤點報告表　　　　B. 銀行存款余額調節表
   C. 存貨盤存單　　　　　　D. 實存帳存對比表
3. 財產清查中查明的各種流動資產盤虧或毀損數，根據不同的原因，報經批准後可能列入的帳戶有（　　）。
   A. 管理費用　　　　　　　B. 營業外支出
   C. 營業外收入　　　　　　D. 其他應收款
4. 實物財產清查常用的方法有（　　）。
   A. 實地盤點法　　　　　　B. 抽查盤點法
   C. 技術推算盤點法　　　　D. 核對帳目法
5. 不定期清查一般是在（　　）時進行。
   A. 季末結帳　　　　　　　B. 月末結帳
   C. 更換財產物資保管人員　D. 發生非常損失
6. 財產清查按清查時間可分為（　　）。
   A. 定期清查　　　　　　　B. 全面清查
   C. 不定期清查　　　　　　D. 局部清查
7. 財產清查按清查的範圍可分為（　　）。
   A. 定期清查　　　　　　　B. 全面清查
   C. 不定期清查　　　　　　D. 局部清查
8. 下列各項中，應採用實地盤點法進行清查的有（　　）。
   A. 固定資產　　　　　　　B. 庫存商品
   C. 銀行存款　　　　　　　D. 庫存現金
9. 企業財產物資的盤存制度有（　　）。
   A. 實地盤存制　　　　　　B. 收付實現制
   C. 永續盤存制　　　　　　D. 應收應付制
10. 企業未達帳項有（　　）。
    A. 企業已收、銀行未收　　B. 企業已付、銀行未付
    C. 銀行已收、企業未收　　D. 銀行已付、企業未付

11. 正確合理地組織財產清查的意義在於（　　）。
    A. 挖掘財產物資潛力，加速資金週轉
    B. 保護企業財產的安全、完整
    C. 保證會計信息的真實、可靠
    D. 健全各項財產管理制度，提高管理水平
12. 「待處理財產損溢」帳戶的借方反應（　　）。
    A. 發生的待處理財產損失　　　　B. 批准處理的待處理財產損失
    C. 發生的待處理財產盤盈　　　　D. 批准處理的待處理財產盤盈
13. 造成帳實不符的原因有（　　）。
    A. 財產物資的自然損耗　　　　　B. 財產物資收發的計量錯誤
    C. 財產物資的毀損　　　　　　　D. 帳簿的漏記、重記
14. 永續盤存制的主要優點有（　　）。
    A. 既記錄財產物資的增加，又記錄財產物資的減少
    B. 能隨時結出帳面餘額
    C. 便於加強企業財產物資的管理
    D. 只記錄增加，不記錄減少
15. 實地盤存制的不足有（　　）。
    A. 不便於加強存貨的管理
    B. 不能隨時結出帳戶的帳面餘額
    C. 核算工作比較複雜
    D. 不適用於大宗材料的管理

三、判斷題

1. 一般情況下，全面清查是定期清查，局部清查是不定期清查。（　　）
2. 銀行存款日記帳與銀行對帳單餘額不一致，主要是由於記帳錯誤和未達帳項造成的。（　　）
3. 對於未達帳項應編製銀行存款餘額調節表進行調節，同時將未達帳項編製記帳憑證登記入帳。（　　）
4. 對於財產清查結果的帳務處理一般分兩步進行，即審批前先調整有關帳面記錄，審批后轉入有關帳戶。（　　）
5. 企業在銀行的實有存款應是銀行對帳單上列明的余額。（　　）
6. 「待處理財產損溢」帳戶是損益類帳戶。（　　）
7. 財產清查就是對各種實物財產進行的清查盤點，不對往來款項進行清查。（　　）
8. 現金和銀行存款的清查均應採用實地盤點的方法進行。（　　）

9. 未達帳項只指銀行已經記帳、企業尚未接到有關憑證而尚未記帳的款項。
（ ）
10. 清查盤點現金時，出納員必須在現場。（ ）
11. 對實物財產清查時，主要清查數量，同時也要檢驗質量。（ ）
12. 財產清查結果的處理即帳務處理。（ ）
13. 現金清查結束後，應填寫「現金盤點報告表」，並由盤點人和出納人員簽名或蓋章。（ ）
14. 「銀行存款余額調節表」不能作為調整銀行存款帳面余額的原始憑證。（ ）
15. 實物財產的「盤點報告表」可以作為記帳和登記帳簿的原始憑證。（ ）
16. 財產清查是通過對貨幣資金、財產物資和往來款項的盤點或核對，確定其實存數，查明帳存數與實存數或往來帳是否相符的一種專門方法。（ ）
17. 企業的未達帳項只存在於企業與銀行，企業與企業之間不存在未達帳項。（ ）
18. 財產清查只清查實物性質的財產，不清查貨幣性資產。（ ）
19. 通過財產清查，可以正確確定各項財產物資的實存數額，發現財產物資管理過程中存在的問題。（ ）
20. 在某一時點上，企業的「銀行存款」余額與銀行對帳單的余額不相等是正常的，並不一定存在錯誤。（ ）

四、名詞解釋

財產清查　永續盤存制　實地盤存制　未達帳項

五、簡答題

1. 財產清查的意義有哪些？
2. 未達帳項有哪些？
3. 實地盤存制與永續盤存制的主要區別是什麼？各有什麼優缺點？其適用範圍如何？

六、業務題

1. 華南公司2015年10月份對固定資產進行清查時發現如下情況：

（1）盤虧機器一臺，帳面價值50,000元，已提折舊20,000元，經批准按營業外支出處理。

（2）盤盈機器一臺，估計重置價值80,000元，估計還有七成新，經批准作為營業外收入處理。

（3）倉庫盤虧產成品一批，帳面價值40,000元，原因待查。

（4）倉庫盤盈材料 500 千克，該種材料的單位成本為 18 元，原因待查。

（5）批准處理的意見是：盤盈機器記入「營業外收入」，盤虧的設備記入「營業外支出」，盤盈材料衝減「管理費用」，盤虧的產成品由管理人員賠償 20％，其餘記入「管理費用」。

2. M 公司 2015 年 10 月最后三天銀行存款日記帳與銀行對帳單的記錄如下（假定以前的記錄是相符的）：銀行存款對帳單的余額為 94,690 元，企業「銀行存款」帳戶余額為 90,590 元。經核對，發現有如下未達帳項：

（1）銀行收到企業委託銀行代收山東泰利廠的貨款 7,500 元，企業還未收到收款通知。

（2）銀行代企業支付了本月水電費 6,700 元，企業尚未收到付款通知。

（3）企業銷售一批商品，貨款 10,300 元，收到轉帳支票一張，該支票還未送到銀行。

（4）企業開出現金支票一張給周明作為差旅費借支 5,400 元。

要求：查明未達帳項后，編製銀行存款余額調節表。

參 考 答 案

一、單項選擇題

1. C　2. B　3. B　4. C　5. B　6. C　7. D　8. B　9. C　10. D　11. C　12. D　13. C
14. A　15. D　16. C　17. C　18. A　19. B　20. C

二、多項選擇題

1. ABCD　2. AD　3. ABD　4. ABC　5. CD　6. AC　7. BD　8. ABD
9. AC　10. ABCD　11. ABCD　12. AD　13. ABCD　14. ABC　15. AB

三、判斷題

1. ×　2. √　3. ×　4. √　5. ×　6. ×　7. ×　8. ×　9. ×　10. √　11. √　12. ×
13. √　14. √　15. √　16. √　17. ×　18. ×　19. √　20. √

四、名詞解釋

財產清查是指通過對實物、現金的實地盤點和銀行存款往來款項的核對，查明各項財產物資、貨幣資金、往來款項的實有數和帳面數是否相符的一種方法。

永續盤存制是對各項財產、物資平時連續登記其增加數和減少數，隨時結出余額的一種財產物資管理制度。

實地盤存制是對各項財產、物資平時只登記其增加數，不登記其減少數，月末根據

實地盤點資料，倒軋出本期減少數的一種財產物資管理制度。

未達帳項是指往來雙方由於票據的傳遞時間不一致引起的一方已經收到票據入了帳而另一方尚未收到票據未入帳的款項。

五、簡答題

1. 根據財產管理的要求，任何單位都必須通過帳簿記錄反應財產物資的增減變動和結存情況，保證帳實、帳款相符。但由於種種原因，企業帳實會發生差異，比如由於計量不準、制度不嚴或工作人員疏忽造成計算差錯、登記錯誤或物資變質損失、營私舞弊、貪污盜竊或非法侵占等不法行為造成損失等，因此必須通過財產清查，盡可能地達到帳實相符之要求。

2. 未達帳項是在往來雙方發生的一方已經入帳而另一方尚未入帳的款項。未達帳項發生在存在往來款項的雙方，其中銀行與企業的往來業務最多，因此在說明未達帳項時總是以銀行與企業的未達帳項為例，其實企業與其他單位的往來款項也存在未達帳項。企業與銀行之間的未達帳項一般有以下四種：

（1）企業已收到收款票據入了帳，增加了「銀行存款」，銀行尚未收到票據未入帳，未增加企業「銀行存款」。

（2）銀行已收到收款票據入了帳，增加了企業的「銀行存款」，企業尚未收到票據未入帳，未增加企業「銀行存款」。

（3）企業已收到付款票據入了帳減少了企業「銀行存款」，銀行尚未收到付款票據未入帳，未減少企業「銀行存款」。

（4）銀行已收到付款票據入了帳，減少了企業「銀行存款」，企業尚未收到付款票據未入帳，未減少企業「銀行存款」。

3. 實地盤存制平時只記錄財產物資的增加，不記錄其減少，月末通過對財產物資進行實地盤點，確定其期末余額，然后根據如下公式倒軋出本期減少數：本期減少數額＝期初余額＋本期增加數額－期末余額

這種方法的核算工作簡單，但不便於加強財產物資的管理。由於管理不善被人偷走，或者霉爛變質，或者毀損了的財產物資都計入本期減少數中。這種方法主要適用於價格低廉、用量較大的財產物資的管理。永續盤存制平時既記錄財產物資的增加，也記錄其減少，隨時可以結出財產物資的帳面余額。可以通過以下公式計算期末余額：

期末余額＝期初余額＋本期增加數額－本期減少數額

期末再根據實地盤點，檢查帳實是否相符，發現財產物資管理中是否存在問題。這種方法的核算手續比較嚴密，能起到控制財產物資的收、付、存的作用，但核算工作量相對大一些。這種方法適用於多數企業。

六、業務題

1. 編製會計分錄如下：

(1) 盤虧固定資產時：
借：待處理財產損溢——待處理固定資產損溢　　　　30,000
　　累計折舊　　　　　　　　　　　　　　　　　　20,000
　　貸：固定資產　　　　　　　　　　　　　　　　　　50,000
(2) 盤盈固定資產時：
借：固定資產　　　　　　　　　　　　　　　　　　56000
　　貸：待處理財產損溢——待處理固定資產損溢　　　56,000
(3) 盤虧產成品時：
借：待處理財產損溢——待處理流動資產損溢　　　　40,000
　　貸：產成品　　　　　　　　　　　　　　　　　　40,000
(4) 盤盈原材料時：
借：原材料　　　　　　　　　　　　　　　　　　　9,000
　　貸：待處理財產損溢——待處理流動資產損溢　　　9,000
(5) 批准處理：
借：營業外支出——非流動資產處置損溢　　　　　　30,000
　　貸：待處理財產損溢——待處理固定資產損溢　　　30,000
借：待處理財產損溢——待處理固定資產損溢　　　　56,000
　　貸：營業外收入——非流動資產處置損溢　　　　　56,000
借：待處理財產損溢——待處理流動資產損溢　　　　9,000
　　貸：管理費用　　　　　　　　　　　　　　　　　9,000
借：其他應收款——某倉管員　　　　　　　　　　　8,000
　　管理費用　　　　　　　　　　　　　　　　　　32,000
　　貸：待處理財產損溢——待處理流動資產損溢　　　40,000

2. 更正錯帳如表 10-1 所示：

表 10-1　　　　　M 公司銀行存款余額調節表　　　　　單位：元

銀行對帳單餘額	90,590	企業銀行存款餘額	94,690
加：企業已收銀行未收	10,300	加：銀行已收企業未收	7,500
減：企業已付銀行未付	5,400	減：銀行已付企業未付	6,700
調整後的餘額	95,490	調整後的餘額	95,490

第十一章　財務會計報告

學習重點及難點

一、財務報表的概念和作用

財務報表是以日常核算的資料為主要依據,總括反應會計主體在某一特定日期的財務狀況、一定時期內的經營成果和現金流量的報表文件。編製財務報表是會計核算的一種專門方法,也是會計循環的最后環節。

財務報表的具體作用有以下幾方面:
(1) 財務報表能提供有助於投資者、債權人進行合理決策的信息。
(2) 財務報表能提供管理當局受託經管責任的履行情況的信息。
(3) 財務報表能為用戶提供評價和預測企業未來現金流量的信息。
(4) 財務報表能為國家政府管理部門進行宏觀調控和管理提供信息。

二、編製財務報表的要求

企業在編製財務報表時應遵守如下原則:
(1) 相關性原則。
(2) 可靠性原則。
(3) 及時性原則。
(4) 可比性原則。
(5) 重要性原則。
(6) 中立性原則。
(7) 完整性原則。
(8) 成本效益原則。

三、財務報表的種類

(1) 財務報表按反應的經濟內容不同,可分為資產負債表、損益表、財務狀況變動表。
(2) 財務報表按編報的時間不同,可分為月報、季報、半年報、年報。
(3) 財務報表按反應資金的運動狀態不同,可分為靜態報表和動態報表。

（4）財務報表按編報單位不同，可分為單位報表和匯總報表。
（5）財務報表按報表各項目所反應的數字內容不同，可分為個別財務報表和合併財務報表。
（6）財務報表按報表的服務對象不同，可分為對內報表和對外報表。

四、資產負債表

（一）資產負債表的概念和作用

資產負債表是反應企業在某一特定日期財務狀況的財務報表。

資產負債表的作用主要表現在以下三個方面：
（1）可以反應出企業資產、負債的結構變化。
（2）可以反應企業管理人員利用企業現有的經濟資源的情況。
（3）可以反應企業的償債能力與支付能力。

（二）資產負債表的格式

資產負債表是以「資產＝負債+所有者權益」這一平衡公式為基礎編製的。

資產負債表的格式一般有帳戶式和報告式兩種。中國會計制度規定採用帳戶式。

（三）資產負債表的編製

資產負債表是由靜態要素構成的一個靜態報表。靜態要素反應的是靜態指標或時點指標，即為帳戶的期末數（期末餘額），因此資產負債表應根據當期會計帳簿資料中資產、負債、所有者權益類帳戶的餘額填列。資產負債表的具體填列方法歸納為如下幾點：
（1）直接根據總帳科目的餘額填列。
（2）根據明細科目的餘額分析計算填列。
（3）根據幾個總帳科目的期末餘額相加填列。
（4）根據有關科目的期末餘額分析計算填列。
（5）反應資產帳戶與有關備抵帳戶的抵消過程，以反應其淨額。

五、利潤表

（一）利潤表的概念和作用

利潤表又稱損益表或收益表，是反應企業在一定期間實現的經營成果的報表。

利潤表的具體作用主要有以下三點：
（1）可以反應企業收入的實現情況、成本費用的發生情況、構成情況及控制情況。
（2）可以反應企業獲利能力的強弱。
（3）可以反應企業管理人員的受託責任完成情況以及管理人員管理水平的高低。

（二）利潤表的格式

利潤表是以「收入−費用＝利潤」這一會計動態平衡公式為基礎，分別列示收入、

費用、利潤三大會計動態要素的各要素項目，反應出企業利潤總額的形成過程。

利潤表常見的格式有單步式和多步式兩種。中國會計制度規定採用多步式利潤表。

（三）利潤表的編製

利潤表是由動態會計要素構成的動態會計報表。動態會計要素反應的是動態指標或期間指標，即為帳戶的本期發生額。因此，利潤表各項目是根據損益類帳戶的本期發生額填列的。

六、現金流量表

（一）現金流量表的概念和作用

現金流量表是以現金為基礎編製的反應企業一定時期（會計期間）現金流入、現金流出及其增減變動情況的財務狀況變動表。

現金流量表的主要作用如下：

（1）能夠說明企業一定期間內現金流入和流出的原因。

（2）能夠說明企業償還債務的能力和支付股利的能力。

（3）能夠分析企業未來獲取現金的能力。

（4）能夠分析企業投資和理財活動對經營成果和財務狀況的影響。

（二）現金流量表的編製基礎

現金流量表是以現金為基礎編製的。這裡的現金是廣義的現金，指企業庫存現金、可以隨時用於支付的存款和現金等價物。

現金等價物是指企業持有的期限短、流動性強、易於轉換為已知金額的現金及價值變動風險很小的投資。現金等價物的主要特點是流動性強，並可隨時轉換成現金的投資，通常指購買在3個月或更短時間內到期的債券投資。比如企業於2015年12月20日購入2013年3月1日發行的期限為3年的國債（2016年3月1日到期），購買時還有70天到期，則這項短期債券投資被視為現金等價物。應注意，購買日至到期日短於3個月且是債券投資，不是股權投資。可見，作為現金等價物的主要標誌是購入日至到期日在3個月或更短時間內轉換為已知現金的投資。

（三）現金流量的概念

現金流量是指企業的現金流入量與流出量。現金流量是某一期間內企業現金流入和流出的數量。影響現金流量的因素有經營活動、投資活動和籌資活動，如購買和銷售商品、提供或接受勞務、購建或出售固定資產、對外投資或收回投資、借入資金或償還債務等。衡量企業經營狀況是否良好、是否有足夠的現金償還債務、資產的變現能力強弱等，現金流量是非常重要的指標。

通常按照企業經營業務發生的性質將企業一定期間內產生的現金流量歸為以下三類：

（1）經營活動產生的現金流量。經營活動是指企業投資活動和籌資活動以外的所有

交易和事項，包括銷售商品或提供勞務、經營性租賃、購買貨物、接受勞務、製造產品、廣告宣傳、推銷產品、繳納稅款等。通過現金流量表中反應的經營活動產生的現金流入和流出，可以說明企業經營活動對現金流入和流出淨額的影響程度。

（2）投資活動產生的現金流量。投資活動是指企業長期資產以及不包括在現金等價物範圍內投資的購建和處置，包括取得或收回權益性證券的投資、購買或收回債券的投資、購建和處置固定資產、無形資產和其他長期資產等。

（3）籌資活動產生的現金流量。籌資活動是指導致企業所有者權益及借款規模和構成發生變化的活動，包括吸收權益性資本、發行債券、借入資金、支付股利、償還債務等。通過現金流量表中籌資活動產生的現金流量，可以分析企業籌資的能力以及籌資產生的現金流量對企業現金流量的影響。

（四）影響現金流量的因素

企業日常經營業務是影響現金流量的重要因素，但並不是所有的經營業務都影響現金流量。影響或不影響現金流量的因素主要包括：

（1）現金各項目之間的增減變動不會影響現金流量淨額的變動。比如從銀行提取現金、將現金存入銀行、用現金購買兩個月到期的債券投資等，均屬於現金各項目之間內部資金轉換，不會使現金流量增加或減少。

（2）非現金各項目之間的增減變動也不會影響現金流量淨額的變動。比如用固定資產清償債務、用原材料對外投資、用存貨清償債務、用固定資產對外投資等，均屬於非現金各項目之間的增減變動，不涉及現金的收支，不會使現金流量增加或減少。

（3）現金各項目與非現金各項目之間的增減變動會影響現金流量淨額的變動。比如用現金支付購買原材料、用現金對外投資、收回長期債券等，均涉及現金各項目與非現金各項目之間的增減變動，這些變動會引起現金流入或現金支出。

現金流量表主要反應現金各項目與非現金各項目之間的增減變動情況對現金流量淨額的影響，非現金各項目之間的增減變動雖然不影響現金流量淨額，但屬於重要的投資和籌資活動，在現金流量表的附註中反應。

練 習 題

一、單項選擇題

1. 最關心企業的盈利情況的會計報表使用者是（　　）。
   A. 企業股東　　　　　　　　　B. 貨物供應商
   C. 企業職工　　　　　　　　　D. 企業債權人
2. 最關心企業償債能力和支付利息能力的會計報表使用者是（　　）。
   A. 稅務機關　　　　　　　　　B. 企業債權人
   C. 企業股東　　　　　　　　　D. 企業職工

3. 下列會計報表中，反應企業在某一特定日期財務狀況的是（　　）。
   A. 現金流量表　　　　　　　　B. 利潤表
   C. 資產負債表　　　　　　　　D. 分部報表
4. 對外報送的報表不包括（　　）。
   A. 資產負債表　　　　　　　　B. 成本報表
   C. 利潤表　　　　　　　　　　D. 現金流量表
5. 資產負債表中資產的排列順序是（　　）。
   A. 收益率高的資產排在前　　　B. 重要的資產排在前
   C. 流動性強的資產排在前　　　D. 非貨幣性資產排在前
6. 根據中國《企業會計準則——應用指南》的規定，企業資產負債表的格式是（　　）。
   A. 報告式　　　　　　　　　　B. 帳戶式
   C. 多步式　　　　　　　　　　D. 單步式
7. 在利潤表中，從利潤總額中減去（　　），為企業的淨利潤。
   A. 提取任意盈余公積數　　　　B. 股利分配數
   C. 提取法定盈余公積數　　　　D. 所得稅費用
8. 下列會計報表中，屬於靜態報表的是（　　）。
   A. 利潤表　　　　　　　　　　B. 分部報表
   C. 現金流量表　　　　　　　　D. 資產負債表
9. 下列會計報表中，不需要對外報送的報表是（　　）。
   A. 利潤表　　　　　　　　　　B. 企業成本報表
   C. 現金流量表　　　　　　　　D. 資產負債表
10. 下列資產負債表中，應根據相應總帳帳戶期末余額直接填列的項目是（　　）。
    A. 預收帳款　　　　　　　　　B. 固定資產
    C. 應付帳款　　　　　　　　　D. 貨幣資金
11. 下列資產負債表中，應根據多個帳戶期末余額相加填列的是（　　）。
    A. 存貨　　　　　　　　　　　B. 應收帳款淨額
    C. 固定資產淨額　　　　　　　D. 累計折舊
12. 某企業「應收帳款」明細帳借方余額合計為 140,000 元，貸方余額合計為 36,500元，「壞帳準備」貸方余額為 340 元，則資產負債表的「應收帳款淨額」項目應是（　　）元。
    A. 140,000　　　　　　　　　　B. 103,160
    C. 139,660　　　　　　　　　　D. 103,500

13. 現金流量表的現金是指（   ）。
    A. 企業庫存現金　　　　　　　　B. 企業銀行存款
    C. 企業庫存現金和銀行存款　　　D. 廣義的現金及現金等價物

二、多項選擇題
1. 財務會計報告分為（   ）。
    A. 年度財務會計報告　　　　　　B. 季度財務會計報告
    C. 半年度財務會計報告　　　　　D. 月度財務會計報告
2. 企業會計報表按其報送的對象分為（   ）。
    A. 對內會計報表　　　　　　　　B. 靜態會計報表
    C. 對外會計報表　　　　　　　　D. 動態會計報表
3. 下列各項中，屬於中期財務會計報告的有（   ）。
    A. 月度財務會計報告　　　　　　B. 季度財務會計報告
    C. 半年度財務會計報告　　　　　D. 年度財務會計報告
4. 按照《企業會計準則——應用指南》的規定，每月終了都需要編製和報送的會計報表有（   ）。
    A. 資產負債表　　　　　　　　　B. 利潤表
    C. 所有者權益變動表　　　　　　D. 現金流量表
5. 下列各項中，屬於財務會計報告編製要求的有（   ）。
    A. 真實可靠　　　　　　　　　　B. 相關可比
    C. 全面完整　　　　　　　　　　D. 編報及時
6. 資產負債表「存貨」項目的內容有（   ）。
    A. 生產成本　　　　　　　　　　B. 委託代銷商品
    C. 在途材料　　　　　　　　　　D. 包裝物
7. 企業資產負債表所提供的信息主要包括（   ）。
    A. 企業擁有或控制的資源及其分佈情況
    B. 企業所承擔的債務
    C. 企業利潤的形成
    D. 企業所有者權益份額及其結構
8. 中國企業的利潤表採用多步式，分步計算的利潤指標有（   ）等。
    A. 應納稅所得額　　　　　　　　B. 營業利潤
    C. 利潤總額　　　　　　　　　　D. 淨利潤
9. 下列資產負債表中的部分項目屬於所有者權益的有（   ）。
    A. 實收資本　　　　　　　　　　B. 資本公積
    C. 盈餘公積　　　　　　　　　　D. 應付股利

10. 企業的年度財務會計報告應包括的內容有（　　）。
    A. 會計報表　　　　　　　　B. 會計報表附註
    C. 財務預測　　　　　　　　D. 財務決策
11. 下列資產負債表各項目不能以總帳餘額直接填列的有（　　）。
    A. 應收票據　　　　　　　　B. 應收帳款淨額
    C. 貨幣資金　　　　　　　　D. 存貨
12. 資產負債表的「貨幣資金」應根據（　　）科目期末余額的合計數填列。
    A. 其他貨幣資金　　　　　　B. 庫存現金
    C. 備用金　　　　　　　　　D. 銀行存款

三、判斷題

1. 資產負債表是反應企業在一定時期內財務狀況的報表。（　）
2. 會計報表應當根據經過審核的會計帳簿記錄和有關資料編製。（　）
3. 會計報表附註是對會計報表的編製基礎、編製依據、編製原則和方法及主要項目所做的解釋，以便於會計報表使用者理解會計報表的內容。（　）
4. 編製會計報表的主要目的就是為會計報表使用者決策提供信息。（　）
5. 報告式資產負債表中的資產項目是按其重要性排列的。（　）
6. 根據利潤表，可以分析、評價企業的盈利狀況，瞭解預測企業未來的損益變化趨勢及獲利能力。（　）
7. 半年度財務會計報告是指在每年前6個月結束後對外提供的財務會計報告。（　）
8. 資產負債表中的「流動資產」各項目是按照資產的流動性由弱到強先後排列的。（　）
9. 對外提供的會計報表信息，與股東和債權人有關，與企業管理者無關。（　）
10. 會計報告包括會計報表及會計報表附註。（　）
11. 資產負債表提供了企業財務狀況的情況，因此資產負債表也稱為財務狀況表。（　）
12. 資產負債表是根據資產、負債、所有者權益帳戶的期末余額填列的。（　）
13. 利潤表是根據損益帳戶本期發生額填列的。（　）
14. 現金流量表是資產負債表與利潤表的橋樑。（　）

四、名詞解釋

會計報表　資產負債表　利潤表　現金流量表

五、簡答題

1. 會計報表的作用是什麼？

2. 資產負債表的編製依據是什麼？
3. 資產負債表的作用是什麼？
4. 利潤表的作用是什麼？
5. 現金流量表的作用是什麼？

六、業務題

1. W 公司 2015 年 12 月 31 日有關科目余額如下：

有借方余額的：庫存現金 29,000 元、銀行存款 310,000 元、其他貨幣資金 100,000 元、應收帳款 450,000 元、原材料 600,000 元、燃料 200,000 元、週轉材料——低值易耗品 40,000 元、週轉材料——包裝物 120,000 元、生產成本 400,000 元、產成品 800,000、元、分期收款發出商品 300,000 元、委託代銷商品 150 000 元、長期股權投資 580,000 元、持有至到期投資 360,000 元（其中 80,000 元已於一年內到期）、固定資產 1,000,000 元、在建工程 220,000 元、無形資產 500,000 元。

有貸方余額的：短期借款 500,000 元、應付帳款 420,000 元、應付票據 100,000 元、應交稅費 250,000 元、應付職工薪酬 200,000 元、壞帳準備 9,000 元、累計折舊 350,000 元、長期借款 400,000 元（其中 100,000 元已於一年內到期）、累計攤銷 60,000 元。

要求：計算所有者權益為多少。假設所有者權益中，股本、資本公積、盈余公積和未分配利潤分別占所有者權益的 30%、40%、20%、10%，計算各權益項目的數額。根據資料和計算結果編製資產負債表。

2. 華南公司 2015 年年末有關損益類科目的本期發生額如表 11-1 所示：

表 11-1　　　　華南公司 2015 年年末有關損益類科目的本期發生額　　　　單位：元

會計科目	借方發生額	貸方發生額
主營業務收入		1,870,000
投資收益		300,000
營業外收入		50,000
主營業務成本	800,000	
營業稅金及附加	20,000	
銷售費用	70,000	
管理費用	60,000	
財務費用	50,000	
營業外支出	40,000	
所得稅費用	30,000	
合計		

華南公司適用的所得稅稅率為 25%，無其他納稅調整項目。

要求：計算所得稅費用，並編製利潤表。

參 考 答 案

一、單項選擇題
1. A 2. B 3. C 4. D 5. C 6. B 7. D 8. D 9. B 10. B 11. A 12. C 13. D

二、多項選擇題
1. ABCD 2. AC 3. ABC 4. ABD 5. ABCD 6. ABCD 7. ABD 8. BCD 9. ABC
10. AB 11. BCD 12. ABD

三、判斷題
1. × 2. √ 3. √ 4. √ 5. × 6. √ 7. √ 8. × 9. × 10. √ 11. √ 12. √
13. √ 14. √

四、名詞解釋
會計報表是企業根據日常的核算資料，定期編製的反應企業某一特定日期的財務狀況和某一期間經營成果及現金流量的報告文件。

資產負債表是反應企業某一特定日期全部資產、負債和所有者權益等財務狀況的報表。

利潤表是反應企業某一期間收入實現、成本費用的發生及利潤形成的經濟成果的報表。

現金流量表是反應企業某一期間現金流入、流出及現金流量淨額增減變動情況及變動原因的報表。

五、簡答題
1. 會計報表的作用在於為企業投資者充分瞭解企業財務狀況、經營成果、現金流量情況及管理者的受託責任的履行情況，提供有用的信息；為企業債權人提供企業資金運轉情況、償債能力和支付能力的信息；為企業內部經營管理者加強經營管理提供決策信息；為企業外部單位，如稅務、審計等監督機關提供重要的資料。

2. 資產負債表是一個靜態會計報表，是以各有關帳戶的期末余額填製的。有些項目直接根據有關總帳余額直接填列，如固定資產原值、累計折舊、實收資本等；有些項目要根據各有關帳戶明細帳戶余額相加或相減計算填列，如應收帳款；有些項目要根據幾個總帳余額相加填列，如貨幣資金、存貨等。

3. 資產負債表的作用是反應企業擁有的經濟資源總量及分佈狀況是否合理；反應企

業負債、所有者權益總額及構成比例，可以分析企業負債比率是否恰當；反應企業現時的償債能力與支付能力。

4. 利潤表的作用是反應企業的收入實現情況、成本費用的發生情況以及利潤的形成結果；反應企業的盈利能力；反應經營管理者管理水平的高低、受託責任完成的好壞。

5. 現金流量表的作用是反應企業在一定期間現金流入和流出的原因及結果；反應企業的現金支付能力和未來獲取現金的能力；反應企業在一定期間的經營利潤的實現與現金淨流量的關係。

六、業務題

1. 所有者權益 = 5,740,000 − 1,870,000 = 3,870,000（元）

   股本 = 3,870,000 × 30% = 1,161,000（元）

   資本公積 = 3,870,000 × 40% = 1,548,000（元）

   盈余公積 = 3,870,000 × 20% = 774,000（元）

   未分配利潤 = 3,870,000 × 10% = 387,000（元）

   資產負債表編製如表 11-2 所示：

表 11-2　　　　　　　　　　　　　　資產負債表

編製單位：W 公司　　　　　　2015 年 12 月 31 日　　　　　　　　　單位：元

項目	年初數	年末數	項目	年初數	年末數
流動資產：			流動負債：		
貨幣資金		439,000	短期借款		500,000
應收帳款淨額		441,000	應付帳款		420,000
存貨		2,610,000	應付票據		100,000
一年內到期的長期債權投資		80,000	應交稅費		250,000
			應付職工薪酬		200,000
			一年內到期的長期借款		100,000
流動資產小計		3,570,000	流動負債小計		1,570,000
長期資產：			長期借款		300,000
長期股權投資		580,000	負債合計		1,870,000
持有至到期投資		280,000	所有者權益：		
固定資產原價		1,000,000	實收資本		1,161,000
減：累計折舊		350,000	資本公積		1,548,000
固定資產淨值		650,000	盈余公積		774,000
在建工程		220,000	未分配利潤		387,000
無形資產		440,000			
資產合計		5,740,000	負債與所有者權益合計		5,740,000

2. 編製利潤表如表 11-3 所示：

表 11-3　　　　　　　　　　　　　利潤表
編製單位：華南公司　　　　　　　2015 年度　　　　　　　　　　　單位：元

項目	本月數	本年累計數
營業收入		1,870,000
減：營業成本		800,000
營業稅金		20,000
管理費用		70,000
銷售費用		60,000
財務費用		50,000
加：投資收益		300,000
營業利潤		1,170,000
加：營業外收入		50,000
減：營業外支出		40,000
利潤總額		1,180,000
減：所得稅費用		295,000
淨利潤		885,000

第十二章　會計核算組織程序

學習重點及難點

通過本章的學習，熟練地掌握各種基本會計核算組織程序，系統地掌握三種主要的會計核算組織程序的基本工作步驟、特點、優缺點和適用範圍。

本章學習的重點是記帳憑證核算組織程序、匯總記帳憑證核算組織程序和科目匯總表核算組織程序。

本章學習的難點是從收集和審核原始憑證、填製記帳憑證、登記帳簿，一直到編製會計報表的整個帳務處理過程中，各種會計核算組織程序所採用的技術方法和要求。

一、會計核算組織程序的概念

會計核算組織程序是指會計憑證、會計帳簿、會計報表三者相結合的方式，也稱為會計帳務處理程序或會計核算形式。其內容主要包括會計憑證和會計帳簿的種類、格式；會計憑證與會計帳簿之間的聯繫方法；會計帳簿與會計報表之間的聯繫方法；收集和審核原始憑證、填製記帳憑證、登記帳簿，編製會計報表的工作程序和方法等。

二、會計核算組織程序的種類

會計核算組織形式分為五類：記帳憑證核算形式、科目匯總表核算形式、匯總記帳憑證核算形式、多欄式日記帳核算形式、日記總帳核算形式等。

三、記帳憑證核算形式

記帳憑證核算形式是會計核算組織程序的最基本的一種核算形式。記帳憑證核算形式是以記帳憑證直接登記總帳的一種會計核算形式。

記帳憑證核算形式的優點是手續簡單，容易理解，總帳記錄詳細，便於日後核查。記帳憑證核算形式的不足之處是登記總帳的工作量較大。這種方法適用於規模不大、業務量不多的企業。

四、科目匯總表核算組織程序

科目匯總表核算形式是指定期根據記帳憑證編製科目匯總表，然後根據科目匯總表

登記總帳的會計核算形式。

這種核算形式的優點是科目匯總表核算形式把大量的記帳憑證按五天或十天歸類匯總，然後據以登記總帳。這就大大地減少了登記總帳的工作量，特別是實行會計電算化後，更能體現這一優點。這種核算形式的不足之處是科目匯總表和總帳登記的內容無法反應帳戶之間的對應關係，經濟業務的來龍去脈不夠清楚。此種會計核算形式適用於生產經營規模較大、經濟業務量較多、電算化程度較高的大型企業。

五、匯總記帳憑證核算形式

匯總記帳憑證核算形式是先定期根據記帳憑證編製匯總記帳憑證，然後根據匯總記帳憑證登記總帳的核算形式。

這種核算形式的優點是由於定期編製匯總記帳憑證，並以匯總的記帳憑證登記總帳，可以大大減少登記總帳的工作量，所登記的總帳能保持帳戶之間的對應關係。這種核算形式的不足之處在於編製匯總記帳憑證的工作量太大，有時可能要做重複工作。從總體上講，這種核算形式並不能減少會計核算的工作量，即使用計算機編製匯總記帳憑證也比較困難和麻煩。此種核算形式適用於大中型企業。

多欄式日記帳核算形式和日記總帳核算形式目前基本上很少有企業使用，已經是過時的核算方式了。

練習題

一、單項選擇題

1. 企業的會計憑證、會計帳簿、會計報表相結合的方式為（　　）。
   A. 帳簿組織　　　　　　　　B. 帳務處理程序
   C. 會計報表組織　　　　　　D. 會計工作組織
2. 記帳憑證帳務處理程序的主要特點是（　　）。
   A. 根據各種記帳憑證編製匯總記帳憑證
   B. 根據各種記帳憑證逐筆登記總分類帳
   C. 根據各種記帳憑證編製科目匯總表
   D. 根據各種匯總記帳憑證登記總分類帳
3. 記帳憑證帳務處理程序的適用範圍是（　　）。
   A. 規模較大、經濟業務量較多的單位
   B. 採用單式記帳的單位
   C. 規模較小、經濟業務量較少的單位
   D. 會計基礎工作薄弱的單位
4. 各種帳務處理程序的主要區別是（　　）。

A. 登記明細分類帳的依據和方法不同

B. 登記總分類帳的依據和方法不同

C. 總帳的格式不同

D. 編製會計報表的依據不同

5. 下列項目中，直接根據記帳憑證逐筆登記總分類帳帳務處理程序的是（　　）。

A. 記帳憑證帳務處理程序　　　　　B. 科目匯總表帳務處理程序

C. 匯總記帳憑證帳務處理程序　　　D. 日記總帳帳務處理程序

6. 科目匯總表帳務處理程序比記帳憑證帳務處理程序增設了（　　）。

A. 原始憑證匯總表　　　　　　　　B. 匯總原始憑證

C. 科目匯總表　　　　　　　　　　D. 匯總記帳憑證

7. 既能匯總登記總分類帳、減輕總帳登記工作，又能明確反應帳戶對應關係，便於查帳、對帳的帳務處理程序是（　　）。

A. 記帳憑證帳務處理程序　　　　　B. 匯總記帳憑證帳務處理程序

C. 科目匯總表帳務處理程序　　　　D. 日記總帳帳務處理程序

8. 科目匯總表帳務處理程序的缺點是（　　）。

A. 登記總帳的工作量大　　　　　　B. 程序複雜，不易掌握

C. 不能對發生額進行試算　　　　　D. 不便於查帳、對帳

9. 下列各項中，屬於最基本的帳務處理程序的是（　　）。

A. 記帳憑證帳務處理程序　　　　　B. 匯總記帳憑證帳務處理程序

C. 科目匯總表帳務處理程序　　　　D. 日記總帳帳務處理程序

10. 記帳憑證帳務處理程序的缺點是（　　）。

A. 不便於分工記帳　　　　　　　　B. 程序複雜，不易掌握

C. 登記總帳的工作量大　　　　　　D. 不便於查帳、對帳

11. 特定的會計憑證、帳簿組織和特定的記帳程序相互結合的方式稱為（　　）。

A. 會計核算前提　　　　　　　　　B. 會計帳務處理程序或形式

C. 會計核算方法　　　　　　　　　D. 會計核算原則

12. 記帳憑證帳務處理程序登記總帳的依據是（　　）。

A. 原始憑證　　　　　　　　　　　B. 科目匯總表

C. 匯總記帳憑證　　　　　　　　　D. 記帳憑證

13. 科目匯總表帳務處理程序的缺點是（　　）。

A. 帳戶間對應關係不明確　　　　　B. 不便於試算平衡

C. 登記總帳的工作量大　　　　　　D. 不便於使用計算機處理

14. 匯總記帳憑證帳務處理程序的缺點是（　　）。

A. 不便於分工記帳　　　　　　　　B. 不能體現帳戶之間的對應關係

C. 登記總帳的工作量大　　　　　　D. 匯總記帳憑證的工作量較大

15. 科目匯總表帳務處理程序與匯總記帳憑證帳務處理程序的主要相同之處是（   ）。
    A. 登記總帳的依據相同　　　　　B. 記帳憑證匯總的方法相同
    C. 匯總憑證的格式相同　　　　　D. 都需要對記帳憑證的資料進行匯總

二、多項選擇題

1. 記帳憑證帳務處理程序的優點有（   ）。
    A. 登記總分類帳的工作量較小
    B. 帳務處理程序簡明，容易理解
    C. 總分類帳登記詳細，便於查帳、對帳
    D. 適用於規模大、業務量多的大型企業

2. 關於科目匯總表帳務處理程序，下列說法正確的有（   ）。
    A. 可以大大減輕總帳的登記工作
    B. 可以對發生額進行試算平衡
    C. 能明確反應帳戶之間的對應關係
    D. 適用於規模較大、業務量較多的企業

3. 在不同帳務處理程序下，下列可以作為登記總分類帳依據的有（   ）。
    A. 記帳憑證　　　　　　　　　　B. 科目匯總表
    C. 匯總記帳憑證　　　　　　　　D. 多欄式日記帳

4. 在匯總記帳憑證帳務處理程序下，會計憑證方面除設置收款憑證、付款憑證、轉帳憑證外，還應設置（   ）。
    A. 科目匯總表　　　　　　　　　B. 匯總收款憑證
    C. 匯總付款憑證　　　　　　　　D. 匯總轉帳憑證

5. 匯總記帳憑證帳務處理程序的優點有（   ）。
    A. 總分類帳的登記工作量相對較小
    B. 便於會計核算的日常分工
    C. 便於瞭解帳戶之間的對應關係
    D. 編製匯總轉帳憑證的工作量較小

6. 在各種帳務處理程序中，相同的會計帳務處理工作有（   ）。
    A. 編製匯總記帳憑證　　　　　　B. 登記現金、銀行存款日記帳
    C. 登記總分類帳和各種明細帳　　D. 編製會計報表

7. 匯總記帳憑證帳務處理程序的優點有（   ）。
    A. 能反應帳戶之間的對應關係
    B. 編製匯總轉帳憑證的工作量較小
    C. 減少登記總帳的工作量

D. 便於核對帳目
8. 科目匯總表的特點有（　　）。
   A. 便於用計算機處理　　　　B. 根據原始憑證歸類編製
   C. 可作為登記總帳的依據　　D. 可起試算平衡的作用
9. 科目匯總表的缺點有（　　）。
   A. 不能反應帳戶之間的對應關係
   B. 編製科目匯總表的工作量較大
   C. 加大了登記總帳的工作量
   D. 不便於查帳、對帳
10. 在各種帳務處理程序中，能減少登記總帳工作量的是（　　）。
    A. 記帳憑證帳務處理程序　　B. 日記總帳帳務處理程序
    C. 匯總轉帳憑證編製法　　　D. 科目匯總表編製法

三、判斷題

1. 記帳憑證帳務處理程序的特點是直接根據記帳憑證登記總分類帳和明細分類帳，是最基本的帳務處理程序。（　　）
2. 編製財務報表也是企業帳務處理程序的內容之一。（　　）
3. 匯總記帳憑證帳務處理程序是最基本的帳務處理程序。（　　）
4. 匯總記帳憑證帳務處理程序可以簡化總帳的登記工作，但編製匯總記帳憑證的工作量較大。（　　）
5. 匯總記帳憑證與科目匯總表的匯總方法基本相同，兩種帳務處理程序也基本相同。（　　）
6. 各種帳務處理程序之間的主要區別在於登記總帳的依據不同。（　　）
7. 科目匯總表帳務處理程序是以定期編製的科目匯總表為依據登記總帳的一種帳務處理程序。（　　）
8. 採用科目匯總表帳務處理程序，總帳、明細帳和日記帳均應以科目匯總表為依據登帳。（　　）
9. 匯總記帳憑證帳戶處理程序的主要不足在於編製匯總記帳憑證的工作量較大。（　　）
10. 科目匯總表帳務處理程序的主要不足在於科目匯總表不能反應帳戶之間的對應關係。（　　）

四、名詞解釋

會計核算組織程序　科目匯總表　記帳憑證核算形式

五、簡答題

1. 科學合理的會計核算的意義是什麼？
2. 記帳憑證核算程序的特點和適用範圍各是什麼？
3. 匯總記帳憑證核算程序的特點和適用範圍各是什麼？
4. 科目匯總表核算程序的特點和適用範圍各是什麼？

六、業務題

1. 東方公司 2015 年 12 月 1 日有關總帳及明細帳帳戶余額如表 12-1 所示：

表 12-1　　　　　　　　　　東方公司帳戶余額表

2015 年 12 月 1 日　　　　　　　　　　單位：元

會計科目	借方余額	會計科目	貸方余額
庫存現金	2,000	短期借款	100,000
銀行存款	472,000	應付帳款：華美公司	36,000
應收帳款：大洋公司	16,000	應交稅費	80,000
其他應收款	2,800	其中：應交增值稅	32,000
原材料	120,000	應交所得稅	48,000
其中：A 材料 6,000 千克	60,000	預提費用	1,980
B 材料 3,000 千克	60,000	實收資本	2,000,000
生產成本	16,080	本年利潤	170,000
庫存商品 3,000 件	285,000	累計折舊	48,000
待攤費用	1,200		
固定資產	1,520,900		
合計	2,435,980	合計	2,435,980

2. 東方公司 12 月份發生下列經濟業務：

（1）3 日，東方公司以銀行存款支付前欠華美公司的材料款 28,000 元。

（2）4 日，東方公司向華美公司購入 A 材料 2,000 千克，單價 10 元，價稅合計 23,400 元。材料已驗收入庫，貨稅款暫欠。

（3）5 日，東方公司收到大洋公司所欠的貨款 10,000 元，存入銀行。

（4）5 日，採購員張浩報銷差旅費 1,300 元，交回現金 100 元。

（5）6 日，東方公司以銀行存款支付已預提的銀行借款利息 990 元。

（6）7 日，東方公司向紅光公司購入 B 材料 5,000 千克，單價 20 元，價稅合計 117,000 元以銀行存款支付，材料已驗收入庫。

（7）8 日，東方公司以銀行存款上繳上月應交增值稅 16,000 元，所得稅費用為 24,000 元。

（8）9 日，東方公司向大洋公司銷售甲產品 800 件，每件單價 150 元，增值稅稅率為 17%，貨稅款收存銀行。

（9）10日，東方公司以現金支付公司購買辦公用品費100元。

（10）10日，東方公司以現金支付車間辦公用品費70元。

（11）12日，生產車間為製造甲產品領用下列材料：A材料2,000千克，B材料1,600千克，單位成本分別為10元、20元。

（12）12日，東方公司向銀行提取現金30,700元，備發工資。

（13）12日，東方公司以現金30,700元支付本月職工工資。

（14）13日，東方公司以銀行存款支付廣告費1,000元。

（15）14日，東方公司以現金支付公司辦公人員市內交通費160元。

（16）15日，東方公司將不需用設備一臺出售給光明公司，設備原價5,000元，已提折舊1,500元，價款3,500元收存銀行。

（17）16日，東方公司銷售產品350件，每件售價150元，增值稅稅率為17%，款項收存銀行。

（18）17日，東方公司向華康公司購入A材料3,000千克，價稅合計35,100元，當即以銀行存款支付，材料已驗收入庫。

（19）20日，生產車間為製造甲產品領用下列材料：A材料2,000千克，B材料2,000千克，單位成本分別為10元、20元。

（20）25日，東方公司以銀行存款支付本月水電費2,500元。其中：車間耗用2,100元，公司管理部門耗用400元。

（21）25日，東方公司以銀行存款支付本月公司電話費1,500元。

（22）31日，東方公司結轉本月職工工資30,700元。其中：生產工人工資28,000元，車間管理人員工資1,500元，公司管理人員工資1,200元。

（23）31日，東方公司按上述人員工資總額的14%計提職工福利費。

（24）31日，東方公司計提本月固定資產折舊費。其中：生產車間用固定資產折舊2,200元，公司用固定資產折舊800元。

（25）31日，東方公司預提銀行借款利息330元。

（26）31日，攤銷應由本月負擔的公司保險費用200元。

（27）31日，東方公司將本月發生的製造費用6,080元轉入生產成本帳戶。

（28）31日，東方公司結轉本月完工產品的生產成本158,040元。本月生產甲產品1,500件，全部完工驗收入庫。

（29）31日，東方公司銷售產品350件，每件售價150元，增值稅稅率為17%，貨稅款收存銀行。

（30）31日，東方公司以銀行存款歸還前欠華美公司貨款11,700元。

（31）31日，東方公司計算並結轉本月產品銷售成本。本月1,500件全部售完，結轉成本158,040元。

（32）31日，東方公司按25%的所得稅稅率計算本月應納所得稅14,950.50元。

（33）31 日，結清各成本、費用帳戶。其中：「主營業務成本」158,040 元，「管理費用」5,828 元，「銷售費用」1,000 元，「財務費用」330 元，「所得稅費用」24,802 元。

（34）31 日，結清收入帳戶。「主營業務收入」225,000 元。

（35）31 日，結轉全年利潤（包括期初余額 170,000 元）。

3. 要求：

（1）根據以上資料編製記帳憑證。

（2）根據記帳憑證逐筆順序登記日記帳及有關明細分類帳。

（3）編製科目匯總表，根據科目匯總表登記總帳。

（4）編製資產負債表和損益表。

參 考 答 案

一、單項選擇題

1. B 2. B 3. C 4. B 5. A 6. C 7. B 8. D 9. A 10. C 11. B 12. D 13. A 14. D 15. D

二、多項選擇題

1. BC 2. ABD 3. ABCD 4. BCD 5. AC 6. BCD 7. ACD 8. ACD 9. AD 10. CD

三、判斷題

1. √ 2. √ 3. × 4. √ 5. × 6. √ 7. √ 8. × 9. √ 10. √

四、名詞解釋

會計核算組織程序也稱會計核算組織形式，是指從會計憑證的取得、帳簿的組織，到編製會計報表的組織步驟。

科目匯總表是根據記帳憑證定期編製、按會計科目匯總填製的表格，用來作為登記總帳的依據。

記帳憑證核算形式是指直接根據每一張記帳憑證為依據登記總帳的一種會計核算程序。

五、簡答題

1. 有利於及時、正確地提供企業全面系統的會計核算資料，保證會計核算的質量；有利於加強會計核算的分工協作，提高會計核算的效率，節約核算時間，降低成本；有利於及時掌握資金的運動現狀，提高企業經營管理水平，及時提供信息，提高企業經濟效益。

2. 記帳憑證核算程序是最基本的一種會計核算程序。其特點是根據記帳憑證逐筆登

記總分類帳。其帳簿組織包括設置現金日記帳、銀行存款日記帳、總分類帳和明細分類帳。其記帳步驟是根據原始憑證填製記帳憑證；根據收款憑證、付款憑證逐筆登記現金和銀行存款日記帳；根據記帳憑證和原始憑證逐筆登記各種明細帳；根據記帳憑證登記總分類帳；月末，根據總分類帳和明細分類帳的資料編製會計報表。這種程序比較簡單，適用於經濟業務量不多的小型企業。

3. 匯總記帳憑證核算程序的特點是先根據記帳憑證編製匯總記帳憑證，然后據以登記總分類帳。匯總記帳憑證核算的內容基本上與記帳憑證核算程序相同，不同的是多了一道記帳憑證的匯總程序。匯總記帳憑證一般分為收款、付款和轉帳三種。匯總收款憑證應以現金和銀行存款的借方設置，並按相應的貸方帳戶匯總；匯總付款憑證則以現金和銀行存款的貸方設置，並按相應的借方帳戶匯總；匯總轉帳憑證一般按有關帳戶貸方設置，並按相應的借方帳戶匯總。這種核算程序能減少登記總帳的工作量，匯總記帳憑證能反應帳戶之間的對應關係，但編製匯總記帳憑證增加了較多的工作量。此種核算程序適用於經濟業務量較多的企業。

4. 科目匯總表核算程序的特點是定期編製科目匯總表，並據以登記總分類帳。科目匯總表的核算程序與匯總記帳憑證相似，先根據記帳憑證按科目匯總填製科目匯總表，然后根據科目匯總表登記總分類帳。科目匯總表定期編製、匯總每一科目的借方和貸方發生額，進行試算平衡，匯總時間一般不超過 10 天。這種核算程序大大減少了登記總帳的工作量，編製科目匯總表可利用計算機自動生成，不會增加工作量，但科目匯總表不能反應經濟業務的來龍去脈（對應關係）。此種核算程序適用於經濟業務量較多的大型企業，也是目前企業普遍採用的核算程序。

六、業務題

1. 根據 1~15 日的經濟業務編製記帳憑證如表 12-2~表 12-18 所示：

表 12-2　　　　　　　　　　　　通用記帳憑證　　　　　　　　　　　單位：元

2015 年 12 月 3 日　　　　　　　　　　　　第 1 號

摘要	會計科目		借方金額	貸方金額	記帳
	總帳科目	明細科目			
支付欠款	應付帳款	華美公司	28,000		
	銀行存款			28,000	
附單據　　　張	合　　計		28,000	28,000	

表 12-3　　　　　　　　　　　　　　通用記帳憑證　　　　　　　　　　單位：元

2015 年 12 月 4 日　　　　　　　　　　　　　　　　　第 2 號

摘要	會計科目		借方金額	貸方金額	記帳
	總帳科目	明細科目			
購入材料未付款	原材料	A 材料	20,000		
	應交稅費	應交增值稅（進項稅額）	3,400		
	應付帳款	華美公司		23,400	
附單據　　張	合　　　計		23,400	23,400	

表 12-4　　　　　　　　　　　　　　通用記帳憑證　　　　　　　　　　單位：元

2015 年 12 月 5 日　　　　　　　　　　　　　　　　　第 3 號

摘要	會計科目		借方金額	貸方金額	記帳
	總帳科目	明細科目			
收到欠款	銀行存款		10,000		
	應收帳款	大洋公司		10,000	
附單據　　張	合　　　計		10,000	10,000	

表 12-5　　　　　　　　　　　　　　通用記帳憑證　　　　　　　　　　單位：元

2015 年 12 月 5 日　　　　　　　　　　　　　　　　　第 4 號

摘要	會計科目		借方金額	貸方金額	記帳
	總帳科目	明細科目			
報銷差旅費交余款	庫存現金		100		
	管理費用	差旅費	1,300		
	其他應收款	張浩		1,400	
附單據　　張	合　　　計		1,400	1,400	

表 12-6　　　　　　　　　　　　　通用記帳憑證　　　　　　　　　單位：元

2015 年 12 月 6 日　　　　　　　　　　　　　　第 5 號

摘要	會計科目		借方金額	貸方金額	記帳
	總帳科目	明細科目			
支付已預提的利息	預提費用		990		
	銀行存款			990	
附單據　　張	合　　　計		990	990	

表 12-7　　　　　　　　　　　　　通用記帳憑證　　　　　　　　　單位：元

2015 年 12 月 7 日　　　　　　　　　　　　　　第 6 號

摘要	會計科目		借方金額	貸方金額	記帳
	總帳科目	明細科目			
購入材料已付款	原材料	B 材料	100,000		
	應交稅費	應交增值稅（進項稅額）	17,000		
	銀行存款			117,000	
附單據　　張	合　　　計		117,000	117,000	

表 12-8　　　　　　　　　　　　　通用記帳憑證　　　　　　　　　單位：元

2015 年 12 月 8 日　　　　　　　　　　　　　　第 7 號

摘要	會計科目		借方金額	貸方金額	記帳
	總帳科目	明細科目			
繳納稅金	應交稅費	應交增值稅	16,000		
		應交所得稅	24,000		
	銀行存款			40,000	
附單據　　張	合　　　計		40,000	40,000	

表 12-9　　　　　　　　　　　　通用記帳憑證　　　　　　　　　單位：元

2015 年 12 月 9 日　　　　　　　　　　　　　　第 8 號

摘要	會計科目		借方金額	貸方金額	記帳
	總帳科目	明細科目			
銷售商品收到貨款	銀行存款		140,400		
	主營業務收入	甲產品		120,000	
	應交稅費	應交增值稅（銷項稅額）		20,400	
附單據　　張	合　　　計		140,400	140,400	

表 12-10　　　　　　　　　　　　通用記帳憑證　　　　　　　　　單位：元

2015 年 12 月 10 日　　　　　　　　　　　　　　第 9 號

摘要	會計科目		借方金額	貸方金額	記帳
	總帳科目	明細科目			
以現金支付辦公費	管理費用	辦公費	100		
	庫存現金			100	
附單據　　張	合　　　計		100	100	

表 12-11　　　　　　　　　　　　通用記帳憑證　　　　　　　　　單位：元

2015 年 12 月 10 日　　　　　　　　　　　　　　第 10 號

摘要	會計科目		借方金額	貸方金額	記帳
	總帳科目	明細科目			
以現金支付車間辦公費	製造費用	辦公費	70		
	庫存現金			70	
附單據　　張	合　　　計		70	70	

表 12-12　　　　　　　　　　　通用記帳憑證　　　　　　　　　單位：元

2015 年 12 月 12 日　　　　　　　　　　　第 11 號

摘要	會計科目		借方金額	貸方金額	記帳
	總帳科目	明細科目			
生產領用材料	生產成本	甲產品	52,000		
	原材料	A 材料		20,000	
		B 材料		32,000	
附單據　　張	合　　計		52,000	52,000	

表 12-13　　　　　　　　　　　通用記帳憑證　　　　　　　　　單位：元

2015 年 12 月 12 日　　　　　　　　　　　第 12 號

摘要	會計科目		借方金額	貸方金額	記帳
	總帳科目	明細科目			
從銀行提現	庫存現金		30,700		
	銀行存款			30,700	
附單據　　張	合　　計		30,700	30,700	

表 12-14　　　　　　　　　　　通用記帳憑證　　　　　　　　　單位：元

2015 年 12 月 12 日　　　　　　　　　　　第 13 號

摘要	會計科目		借方金額	貸方金額	記帳
	總帳科目	明細科目			
以現金支付工資	應付職工薪酬	工資	30,700		
	庫存現金			30,700	
附單據　　張	合　　計		30,700	30,700	

表 12-15

通用記帳憑證

2015 年 12 月 13 日

單位：元　第 14 號

摘要	會計科目		借方金額	貸方金額	記帳
	總帳科目	明細科目			
支付廣告費	銷售費用	廣告費	1,000		
	銀行存款			1,000	
附單據　　張	合　　計		1,000	1,000	

表 12-16

通用記帳憑證

2015 年 12 月 14 日

單位：元　第 15 號

摘要	會計科目		借方金額	貸方金額	記帳
	總帳科目	明細科目			
支付管理人員交通費	管理費用	交通費	160		
	庫存現金			160	
附單據　　張	合　　計		160	160	

表 12-17

通用記帳憑證

2015 年 12 月 15 日

單位：元　第 161/2 號

摘要	會計科目		借方金額	貸方金額	記帳
	總帳科目	明細科目			
出售固定資產	固定資產清理		3,500		
	累計折舊		1,500		
	固定資產	設備		5,000	
附單據　　張	合　　計		5,000	5,000	

表 12-18　　　　　　　　　　　通用記帳憑證　　　　　　　　　　單位：元

2015 年 12 月 15 日　　　　　　　　　　第 162/2 號

摘要	會計科目 總帳科目	會計科目 明細科目	借方金額	貸方金額	記帳
出售固定資產收到款	銀行存款		3,500		
	固定資產清理			3,500	
附單據　　張	合　　計		3,500	3,500	

2. 15 日根據記帳憑證編製科目匯總表如表 12-19 所示：

表 12-19　　　　　　　　　　　科目匯總表（1~15 日）　　　　　　　　　單位：元

會計科目	借方發生額	貸方發生額
庫存現金	30,800	31,030
銀行存款	153,900	217,690
應收帳款		10,000
其他應收款		1,400
原材料	120,000	52,000
生產成本	52,000	
製造費用	70	
管理費用	1,560	
銷售費用	1,000	
固定資產		5,000
累計折舊	1,500	
固定資產清理	3,500	3,500
應付帳款	28,000	23,400
應交稅費	60,400	20,400
預提費用	990	
應付職工薪酬	30,700	
主營業務收入		120,000
合計	484,420	484,420

3. 根據 16~31 日的經濟業務編製記帳憑證如表 12-20~表 12-38 所示：

表 12-20　　　　　　　　　　　通用記帳憑證　　　　　　　　　　單位：元

2015 年 12 月 16 日　　　　　　　　　　第 17 號

摘要	會計科目		借方金額	貸方金額	記帳
	總帳科目	明細科目			
銷售商品收存銀行	銀行存款		61,425		
	主營業務收入			52,500	
	應交稅費	應交增值稅（銷項稅額）		8,925	
附單據　　張	合　　　計		61,425	61,425	

表 12-21　　　　　　　　　　　通用記帳憑證　　　　　　　　　　單位：元

2015 年 12 月 17 日　　　　　　　　　　第 18 號

摘要	會計科目		借方金額	貸方金額	記帳
	總帳科目	明細科目			
購材料已付款	原材料		30,000		
	應交稅費	應交增值稅（進項稅額）	5,100		
	銀行存款			35,100	
附單據　　張	合　　　計		35,100	35,100	

表 12-22　　　　　　　　　　　通用記帳憑證　　　　　　　　　　單位：元

2015 年 12 月 20 日　　　　　　　　　　第 19 號

摘要	會計科目		借方金額	貸方金額	記帳
	總帳科目	明細科目			
生產產品領料	生產成本	甲產品	60,000		
	原材料	A 材料		20,000	
		B 材料		40,000	
附單據　　張	合　　　計		60,000	60,000	

表 12-23

通用記帳憑證

2015 年 12 月 25 日

單位：元　第 20 號

摘要	會計科目 總帳科目	會計科目 明細科目	借方金額	貸方金額	記帳
支付水電費	製造費用	水電費	2,100		
	管理費用	水電費	400		
	銀行存款			2,500	
附單據　　張	合　　計		2,500	2,500	

表 12-24

通用記帳憑證

2015 年 12 月 25 日

單位：元　第 21 號

摘要	會計科目 總帳科目	會計科目 明細科目	借方金額	貸方金額	記帳
支付電話費	管理費用	電話費	1,500		
	銀行存款			1,500	
附單據　　張	合　　計		1,500	1,500	

表 12-25

通用記帳憑證

2015 年 12 月 31 日

單位：元　第 22 號

摘要	會計科目 總帳科目	會計科目 明細科目	借方金額	貸方金額	記帳
分配職工工資	生產成本	工資	28,000		
	製造費用	工資	1,500		
	管理費用	工資	1,200		
	應付職工薪酬	工資		30,700	
附單據　　張	合　　計		30,700	30,700	

表 12-26　　　　　　　　　通用記帳憑證　　　　　　　　　單位：元
2015 年 12 月 31 日　　　　　　　　　　第 23 號

摘要	會計科目 總帳科目	會計科目 明細科目	借方金額	貸方金額	記帳
計提福利費	生產成本	福利費	3,920		
	製造費用	福利費	210		
	管理費用	福利費	168		
	應付職工薪酬	福利費		4,298	
附單據　　張	合　　計		4,298	4,298	

表 12-27　　　　　　　　　通用記帳憑證　　　　　　　　　單位：元
2015 年 12 月 31 日　　　　　　　　　　第 24 號

摘要	會計科目 總帳科目	會計科目 明細科目	借方金額	貸方金額	記帳
計提折舊	製造費用		2,200		
	管理費用		800		
	累計折舊			3,000	
附單據　　張	合　　計		3,000	3,000	

表 12-28　　　　　　　　　通用記帳憑證　　　　　　　　　單位：元
2015 年 12 月 31 日　　　　　　　　　　第 25 號

摘要	會計科目 總帳科目	會計科目 明細科目	借方金額	貸方金額	記帳
預提利息	財務費用	利息	330		
	預提費用	利息		330	
附單據　　張	合　　計		330	330	

表 12-29　　　　　　　　　　　通用記帳憑證　　　　　　　　　　單位：元

2015 年 12 月 31 日　　　　　　　　　　第 26 號

摘要	會計科目		借方金額	貸方金額	記帳
	總帳科目	明細科目			
攤銷保險費	管理費用	保險費	200		
	待攤費用			200	
附單據　　張	合　　　計		200	200	

表 12-30　　　　　　　　　　　通用記帳憑證　　　　　　　　　　單位：元

2015 年 12 月 31 日　　　　　　　　　　第 27 號

摘要	會計科目		借方金額	貸方金額	記帳
	總帳科目	明細科目			
製造費用轉入成本	生產成本	甲產品	6,080		
	製造費用			6,080	
附單據　　張	合　　　計		6,080	6,080	

表 12-31　　　　　　　　　　　通用記帳憑證　　　　　　　　　　單位：元

2015 年 12 月 31 日　　　　　　　　　　第 28 號

摘要	會計科目		借方金額	貸方金額	記帳
	總帳科目	明細科目			
結轉完工產品成本	庫存商品	甲產品	158,040		
	生產成本	甲產品		158,040	
附單據　　張	合　　　計		158,040	158,040	

表 12-32

通用記帳憑證

2015 年 12 月 31 日

單位：元　第 29 號

摘要	會計科目		借方金額	貸方金額	記帳
	總帳科目	明細科目			
銷售產品	銀行存款		61,425		
	主營業務收入			52,500	
	應交稅費	應交增值稅（銷項稅額）		8,925	
附單據　　張	合　　計		61,425	61,425	

表 12-33

通用記帳憑證

2015 年 12 月 31 日

單位：元　第 30 號

摘要	會計科目		借方金額	貸方金額	記帳
	總帳科目	明細科目			
償還欠款	應付帳款	華美公司	11,700		
	銀行存款			11,700	
附單據　　張	合　　計		11,700	11,700	

表 12-34

通用記帳憑證

2015 年 12 月 31 日

單位：元　第 31 號

摘要	會計科目		借方金額	貸方金額	記帳
	總帳科目	明細科目			
結轉本月銷售成本	主營業務成本		158,040		
	庫存商品			158,040	
附單據　　張	合　　計		158,040	158,040	

表 12-35　　　　　　　　　　　通用記帳憑證　　　　　　　　　　單位：元

2015 年 12 月 31 日　　　　　　　　　　第 32 號

摘要	會計科目		借方金額	貸方金額	記帳
	總帳科目	明細科目			
計算應交所得稅	所得稅費用		14,950.50		
	應交稅費	應交所得稅		14,950.50	
附單據　　張	合　　　計		14,950.50	14,950.50	

表 12-36　　　　　　　　　　　通用記帳憑證　　　　　　　　　　單位：元

2015 年 12 月 31 日　　　　　　　　　　第 33 號

摘要	會計科目		借方金額	貸方金額	記帳
	總帳科目	明細科目			
結清成本費用帳戶	本年利潤		180,148.50		
	主營業務成本			158,040	
	管理費用			5,828	
	銷售費用			1,000	
	財務費用			330	
	所得稅費用			14,950.50	
附單據　　張	合　　　計		180,148.50	180,148.50	

表 12-37　　　　　　　　　　　通用記帳憑證　　　　　　　　　　單位：元

2015 年 12 月 31 日　　　　　　　　　　第 34 號

摘要	會計科目		借方金額	貸方金額	記帳
	總帳科目	明細科目			
結清收入帳戶	主營業務收入		225,000		
	本年利潤			225,000	
附單據　　張	合　　　計		225,000	225,000	

表 12-38　　　　　　　　　　通用記帳憑證　　　　　　　　　單位：元
2015 年 12 月 31 日　　　　　　　　　　　第 35 號

摘要	會計科目		借方金額	貸方金額	記帳
	總帳科目	明細科目			
結轉全年利潤	本年利潤		214,851.50		
	利潤分配	未分配利潤		214,851.50	
附單據　　張	合　　計		214,851.50	214,851.50	

4. 根據原始憑證或記帳憑證登記日記帳（見表 12-39、表 12-40）和明細帳（見表 12-41～表 12-44）。

表 12-39　　　　　　　　　　庫存現金日記帳　　　　　　　　　單位：元

2015 年		憑證號數	摘要	對應科目	收入	支出	余額
月	日						
12	1		期初余額				2,000
	5	4	採購人員交回現金	其他應收款	100		2,100
	10	9	以現金支付辦公費	管理費用		100	2,000
	10	10	以現金支付辦公費	製造費用		70	1,930
	12	12	從銀行提現	銀行存款	30,700		32,630
	12	13	以現金支付工資	應付職工薪酬		30,700	1,930
	14	15	以現金支付交通費	管理費用		160	1,770
			本月發生額合計		30,800	31,030	1,770

表 12-40　　　　　　　　　　銀行存款日記帳　　　　　　　　　單位：元

2015 年		憑證號數	摘要	對應科目	收入	支出	余額
月	日						
12	1		期初余額				472,000
	3	1	償還購料欠款	應付帳款		28,000	444,000
	5	3	收回購貨單位欠款	應收帳款	10,000		454,000
	6	5	支付預提利息	預提費用		990	453,010
	7	6	支付購料款	原材料		100,000	353,010
				應交稅費		17,000	336,010
	8	7	繳納稅金	應交稅費		40,000	296,010
	9	8	銷貨收款	主營業務收入	120,000		416,010
				應交稅費	20,400		436,410
	12	12	從銀行提現	庫存現金		30,700	405,710

表12-40(續)

2015年 月	日	憑證號數	摘要	對應科目	收入	支出	餘額
	13	14	支付廣告費	銷售費用		1,000	404,710
	15	16	出售固定資產收款	固定資產清理	3,500		408,210
	16	17	銷貨收款	主營業務收入	52,500		460,710
				應交稅費	8,925		469,635
	17	18	支付購貨款	原材料		30,000	439,635
				應交稅費		5,100	434,535
	25	20	支付水電費	製造費用		2,100	432,435
				管理費用		400	432,035
	25	21	支付電話費	管理費用		1,500	430,535
	31	29	銷貨收款	主營業務收入	52,500		483,035
				應交稅費	8,925		491,960
	31	30	支付購貨欠款	應付帳款		11,700	480,260
			本期發生額合計		276,750	268,490	480,260

表 12-41　　　　　　　　　　原材料明細分類帳　　A 材料　　　　　　　　　單位：元

摘要	收入 數量(千克)	單價(元)	金額(元)	發出 數量(千克)	單價(元)	金額(元)	結存 數量(千克)	單價(元)	金額(元)
期初結存							6,000	10	60,000
購入材料	2,000	10	20,000				8,000	10	80,000
生產領用				2,000	10	20,000	6,000	10	60,000
購入材料	3,000	10	30,000				9,000	10	90,000
生產領用				2,000	10	20,000	7,000	10	70,000
本期發生額及餘額	5,000	10	50,000	4,000	10	40,000	7,000	10	70,000

表 12-42　　　　　　　　　　原材料明細分類帳　　B 材料　　　　　　　　　單位：元

摘要	收入 數量(千克)	單價(元)	金額(元)	發出 數量(千克)	單價(元)	金額(元)	結存 數量(千克)	單價(元)	金額(元)
期初結存							3,000	20	60,000
購入材料	5,000	20	100,000				8,000	20	160,000
生產領用				1,600	20	32,000	6,400	20	128,000
生產領用				2,000	20	40,000	4,400	20	88,000
本期發生額及餘額	5,000	20	100,000	3,600	20	72,000	4,400	20	88,000

表 12-43　　　　　　　　應付帳款明細帳　華美公司　　　　　　　單位：元

摘要	借方金額	貸方金額	借或貸	餘額
期初結存			貸	36,000
償還欠款	28,000		貸	8,000
發生欠款		23,400	貸	31,400
償還欠款	23,400		貸	8,000
本期發生額及餘額	51,400	23,400	貸	8,000

表 12-44　　　　　　　其他應收帳款明細帳　大洋公司　　　　　　單位：元

摘要	借方金額	貸方金額	借或貸	餘額
期初結存			借	2,800
收回應收帳款		1,400		
本期發生額及餘額	0	1,400	借	1,400

其他明細帳略。

5.31 日根據 16~31 日的記帳憑證編製科目匯總表如表 12-45 所示：

表 12-45　　　　　　　　科目匯總表（16~31 日）　　　　　　　　單位：元

會計科目	借方發生額	貸方發生額
銀行存款	122,850	50,800
原材料	30,000	60,000
待攤費用		
生產成本	98,000	200
製造費用	6,010	158,040
庫存商品	158,040	6,080
管理費用	4,268	158,040
銷售費用		5,828
財務費用		1,000
累計折舊		330
應付帳款	11,700	3,000
應交稅費	5,100	
預提費用		32,800.50
應付職工薪酬		330
所得稅費用		34,998
主營業務收入	14,950.50	14,950.50
主營業務成本	225,000	105,000
本年利潤	158,040	158,040
利潤分配	395,000	225,000
		214,851.50
合計	1,229,288.50	1,229,288.50

6. 根據科目匯總表登記總分類帳（用 T 形帳戶代替）如下：

庫存現金			
期初結餘	2,000		
1～15	30,800	1～15	31,030
本期發生	30,800	本期發生	31,030
期末餘額	1,770		

銀行存款			
期初結餘	472,000		
1～15	153,900	1～15	217,690
16～31	122,850	16～31	50,800
本期發生	276,750	本期發生	268,490
期末餘額	480,260		

應收帳款			
期初結餘	16,000		
		1～15	10,000
本期發生	0	本期發生	10,000
期末餘額	6,000		

其他應收款			
期初結餘	2,800		
		1～15	1,400
本期發生	0	本期發生	1,400
期末餘額	1,400		

原材料			
期初結餘	120,000		
1～15	120,000	1～15	52,000
16～31	30,000	16～31	60,000
本期發生	150,000	本期發生	112,000
期末餘額	158,000		

生產成本			
期初結餘	16,080		
1～15	520,000		
16～31	98,000	16～31	158,040
本期發生	150,000	本期發生	158,040
期末餘額	8,040		

庫存商品			
期初結餘	285,000		
16～31	158,040	16～31	158,040
本期發生	158,040	本期發生	158,040
期末餘額	285,000		

待攤費用			
期初結餘	1,200		
		16～31	200
本期發生	0	本期發生	200
期末餘額	1,000		

固定資產				累計折舊			
期初結餘	1,520,900					期初結餘	4,8000
		1~15	5,000	1~15	1,500		
						16~31	3,000
本期發生	0	本期發生	5,000	本期發生	1,500	本期發生	3,000
期末餘額	1,515,900					期末餘額	49,500

固定資產清理				短期借款			
						期初結餘	100,000
1~15	3,500	1~15	3,500				
本期發生	3,500	本期發生	3,500	本期發生	0	本期發生	0
期末餘額	0					期末餘額	100,000

應付帳款				應交稅費			
		期初結餘	36,000			期初結餘	80,000
1~15	28,000	1~15	23,400	1~15	60,400	1~15	20,400
16~31	11,700			16~31	5,100	16~31	32,800.50
本期發生	39,700	本期發生	23,400	本期發生	65,500	本期發生	53,200.50
		期末餘額	19,700			期末餘額	67,700.50

應付職工薪酬				預提費用			
1~15	30,700					期初結餘	1,980
		16~31	34,998	1~15	990		
						16~31	330
本期發生	30,700	本期發生	30,700	本期發生	990	本期發生	330
		期末餘額	4,298			期末餘額	1,320

實收資本				本年利潤			
		期初結餘	2,000,000			期初結餘	170,000
				16~31	395,000	16~31	225,000
本期發生	0	本期發生	0	本期發生	395,000	本期發生	225,000
		期末餘額	2,000,000			期末餘額	0

管理費用				製造費用			
1~15	1,560			1~15	70		
16~31	4,268	16~31	5,828	16~31	6,010	16~31	6,080
本期發生	5,828	本期發生	5,828	本期發生	6,080	本期發生	6,080
期末餘額	0			期末餘額	0		

銷售費用				財務費用			
1~15	1,000			16~31	330	16~31	330
		16~31	1,000				
本期發生	1,000	本期發生	1,000	本期發生	330	本期發生	330
期末餘額	0			期末餘額	0		

所得稅費用				主營業務收入			
16~31	14,950.50	16~31	14,950.50			1~15	120,000
				16~31	225,000	16~31	105,000
本期發生	14,950.50	本期發生	14,950.50	本期發生	225,000	本期發生	225,000
期末餘額	0					期末餘額	0

主營業務成本				利潤分配			
						16~31	214,851.50
16~31	158,040	16~31	158,040				
本期發生	158,040	本期發生	158,040	本期發生	0	本期發生	214,851.50
期末餘額	0					期末餘額	241,851.50

7. 月末編製試算平衡表如表 12-46 所示：

表 12-46　　　　　　　　　　本期發生額及余額試算平衡表　　　　　　　　　　單位：元

會計科目	期初余額 借方	期初余額 貸方	本期發生額 借方	本期發生額 貸方	期末余額 借方	期末余額 貸方
庫存現金	2,000		30,800	31,030	1,770	
銀行存款	472,000		276,750	268,490	480,260	
應收帳款	16,000			10,000	6,000	
其他應收款	2,800			1,400	1,400	
原材料	120,000		150,000	112,000	158,000	
待攤費用	1,200			200	1,000	
生產成本	16,080		150,000	158,040	8,040	
製造費用			6,080	6,080		
庫存商品	285,000		158,040	158,040	285,000	
固定資產	1,520,900			5,000	1,515,900	
累計折舊		48,000	1,500	3,000		49,500
固定資產清理			3,500	3,500		
短期借款		100,000				100,000
應付帳款		36,000	39,700	23,400		19,700
應交稅費		80,000	65,500	53,200.50		67,700.50
預提費用		1,980	990	330		1,320
應付職工薪酬			30,700	34,998		4,298
實收資本		2,000,000				2,000,000
本年利潤		170,000	395,000	225,000		0
利潤分配				214,851.50		214,851.50
管理費用						
銷售費用			5,828	5,828		
銷售費用			1,000	1,000		
財務費用			330	330		
所得稅費用			14,950.50	14,950.50		
主營業務收入			225,000	225,000		
主營業務成本			158,040	158,040		
合計	2,435,980	2,435,980	1,713,708.50	1,713,708.50	2,457,370	2,457,370

8. 根據總分類帳編製資產負債表、利潤表（編製簡略的資產負債表和利潤表）如表 12-47 和表 12-48 所示：

表 12-47　　　　　　　　　　　　　　　資產負債表

東方公司　　　　　　　　　　2015 年 12 月 31 日　　　　　　　　　　　　單位：元

資產	年初數	年末數	負債及權益	年初數	年末數
貨幣資金		482,030	短期借款		100,000
應收帳款		6,000	應付帳款		19,700
其他應收款		1,400	應交稅費		67,700.50
待攤費用		1,000	預提費用		1,320
存貨		451,040	應付職工薪酬		4,298
固定資產		1,515,900	實收資本		2,000,000
減：累計折舊		49,500	利潤分配		214,851.50
固定資產淨額		1,466,400			
資產合計		2,407,870	負債與權益合計		2,407,870

表 12-48　　　　　　　　　　　　　　　　利潤表

　　　　　　　　　　　　　　　　　2015 年 12 月　　　　　　　　　　　　　單位：元

項目	本月數	本年累計
一、營業收入	225,000	
減：營業成本	158,040	
管理費用	5,828	
銷售費用	1,000	
財務費用	330	
二、營業利潤	59,802	
減：所得稅費用	14,950.50	
三、淨利潤	44,851.50	

本月利潤加上上月累計利潤 170,000 元，本年全年實現淨利潤 214,851.50 元。

第十三章　會計工作組織

學習重點及難點

一、設立會計機構和配備會計人員

會計機構是各單位貫徹執行財經法規，制定和執行會計制度、組織領導和辦理會計事務的職能機構。會計人員是直接從事會計工作的人員。建立健全會計機構，配備必要數量和一定素質的、具有從業資格的會計人員，是各單位做好會計工作，充分發揮會計職能作用的重要保證。

學習《中華人民共和國會計法》，瞭解企業負責人的會計法律責任和會計人員的法律責任。

二、會計職業道德規範

瞭解會計人員職業道德的內容，提高職業道德水準。

會計人員職業道德包括以下六個方面的內容：
（1）敬業愛崗。
（2）熟悉法規。
（3）依法辦事。
（4）客觀公正。
（5）搞好服務。
（6）保守秘密。

三、會計工作管理體制

會計工作管理體制是劃分管理會計工作職責權限關係的制度，包括會計工作管理組織形式、管理權限劃分、管理機構設置等內容。

中國的會計工作管理體制，主要有以下四個方面的內容：
（1）明確會計工作的主管部門。
（2）明確國家統一的會計制度的制定權限。
（3）明確對會計工作的監督檢查部門和監督檢查範圍。
（4）明確對會計人員的管理內容。

四、會計檔案管理

(1) 會計檔案應當妥善保管。
(2) 會計檔案應當分期保管。
(3) 會計檔案應當按規定程序銷毀。

練習題

一、單項選擇題

1. 中國會計法規體系中，居於最高層次的是（　　）。
   A. 會計法　　　　　　　　　　B. 會計準則
   C. 會計制度　　　　　　　　　D. 會計規章

2. 集中核算方式是把（　　）主要會計核算工作都集中在企業一級的會計部門進行。
   A. 整個企業　　　　　　　　　B. 企業某些重要部門
   C. 企業的主要生產經營單位　　D. 各職能管理部門

3. 《中華人民共和國會計法》由（　　）制定和頒布。
   A. 國務院　　　　　　　　　　B. 全國人民代表大會常務委員會
   C. 財政部　　　　　　　　　　D. 各級財政部門共同

4. 按照中國《會計檔案管理辦法》的規定，記帳憑證的保管期限是（　　）。
   A. 3年　　　B. 5年　　　C. 15年　　　D. 永久

5. 在中國，代表國家對會計工作行使職能的政府部門是（　　）。
   A. 國務院　　　　　　　　　　B. 審計部門
   C. 財政部門　　　　　　　　　D. 稅務部門

6. 下列屬於中國會計法規體系中第二層次的是（　　）。
   A. 會計法　　　　　　　　　　B. 會計準則
   C. 會計制度　　　　　　　　　D. 財務會計報告條例

7. 根據《中華人民共和國會計法》的規定，有權制定國家統一的會計制度的政府部門是（　　）。
   A. 國務院　　　　　　　　　　B. 國務院財政部門
   C. 國務院各業務主管部門　　　D. 省級人民政府財政部門

8. 根據中國有關法律規定，在公司制企業，對本單位會計工作負責的單位負責人應當是（　　）。
   A. 董事長　　　　　　　　　　B. 總經理
   C. 總會計師　　　　　　　　　D. 會計機構負責人

9. 不屬於擔任單位會計機構負責人（會計主管人員）條件的是（　　）。
   A. 有主管會計工作的經歷　　　　B. 具備會計師以上專業技術職務
   C. 從事會計工作三年以上　　　　D. 取得會計資格證書
10. 在中國，從事會計工作的人員，其基本任職條件是（　　）。
    A. 具有會計專業技術資格　　　　B. 擔任會計專業職務
    C. 具有會計從業資格證書　　　　D. 具有中專以上專業學歷
11. 擔任會計機構負責人（主管會計人員）的，除取得會計從業資格證書以外，還應具備會計師以上的專業技術資格或者從事會計工作一定時間以上的經歷。該經歷的時間是（　　）。
    A. 2 年　　　　　　　　　　　　B. 5 年
    C. 4 年　　　　　　　　　　　　D. 3 年
12. 會計機構負責人因調動工作或離職辦理交接手續時，負責監交的人員應當是（　　）。
    A. 單位領導人　　　　　　　　　B. 外部仲介機構的人員
    C. 人事部門負責人　　　　　　　D. 內部審計機構負責人
13. 一般會計人員辦理會計工作交接手續時，負責監交的人員應當是（　　）。
    A. 其他會計人員　　　　　　　　B. 會計機構負責人、會計主管人員
    C. 單位負責人　　　　　　　　　D. 單位其他管理人員
14. 根據《中華人民共和國會計法》的規定，會計機構和會計人員應當按照國家統一的會計制度的規定對原始憑證進行認真審核，對不真實、不合法的原始憑證有權不予受理，並向（　　）。
    A. 上級主管單位負責人報告　　　B. 本單位負責人報告
    C. 會計機構負責人報告　　　　　D. 總會計師報告
15. 按照《會計人員繼續教育暫行規定》的要求，初級會計人員接受繼續教育培訓的學時（　　）。
    A. 每年不少於 20 小時　　　　　B. 每年不少於 24 小時
    C. 每年不少於 48 小時　　　　　D. 每年不少於 72 小時
16. 根據《中華人民共和國會計法》的規定，單位負責人應在財務會計報告上（　　）。
    A. 簽名或蓋章　　　　　　　　　B. 簽名
    C. 蓋章　　　　　　　　　　　　D. 簽名並蓋章
17. 根據《中華人民共和國會計法》的規定，會計機構和會計人員應當按照國家統一的會計制度的規定對原始憑證進行認真審核，對不準確、不完整的原始憑證（　　）。
    A. 予以退回，並按照規定更正、補充
    B. 向單位負責人請示，並按其簽署的意見處理

C. 由出具單位重開

D. 有權不予接受，並向單位負責人報告

18. 根據《會計檔案管理辦法》的規定，會計檔案保管期限最短的年限為（　　）。

A. 3 年　　　　　　　　　　B. 2 年

C. 4 年　　　　　　　　　　D. 5 年

19. 連續三年未參加會計人員繼續教育的會計人員（　　）。

A. 接受罰款處理　　　　　　B. 接受通報批評

C. 會計從業資格證書自行失效　D. 撤職處分

20. 根據《會計基礎工作規範》的規定，單位負責人的直系親屬不得在本單位擔任的會計工作崗位是（　　）。

A. 會計機構負責人　　　　　B. 出納

C. 稽核　　　　　　　　　　D. 會計檔案的保管

二、多項選擇題

1. 根據《會計基礎工作規範》的規定，下列各項中，出納人員不能夠兼管的工作是（　　）。

A. 稽核工作

B. 固定資產卡片的登記工作

C. 收入、費用、債權債務帳目的登記工作

D. 會計檔案保管工作

2. 中國會計法規的基本構成包括（　　）。

A. 會計法律　　　　　　　　B. 財務會計報告條例

C. 會計準則　　　　　　　　D. 會計制度

3. 帳目核對也稱對帳，是保證會計帳簿記錄質量的重要程序，一般包括（　　）。

A. 帳實核對　　　　　　　　B. 帳證核對

C. 帳帳核對　　　　　　　　D. 帳表核對

4. 各單位應當定期將會計帳簿記錄與其相應的會計憑證記錄逐項核對，檢查是否一致，檢查的內容包括（　　）。

A. 時間　　　　　　　　　　B. 編號

C. 內容　　　　　　　　　　D. 金額、記帳方向等

5. 根據國家統一會計制度的規定，對外提供的財務會計報告應當由單位有關人員簽章，這些人員主要包括（　　）。

A. 內部審計人員　　　　　　B. 總會計師

C. 會計機構負責人　　　　　D. 單位負責人

6. 下列各項中，能夠作為會計人員進行會計監督依據的包括（　　）。

A. 會計法律 B. 單位行政管理制度
C. 單位內部會計管理制度 D. 國家統一的會計制度
7. 會計職業道德包括的內容是（　　）。
A. 敬業愛崗，熟悉法律 B. 依法辦事，客觀公正
C. 搞好服務，保守秘密 D. 業務處理，聽從領導
8. 會計監督是中國經濟監督體系的重要組成部分，其中包括（　　）。
A. 單位內部的會計監督
B. 單位外部的審計監督
C. 以財政部門為主體的國家監督
D. 以上級主管部門為主體的監督
9. 從事會計工作的人員（　　）。
A. 必須取得會計從業資格證書 B. 必須是大專畢業
C. 熟悉國家法律法規 D. 遵守會計職業道德
10. 註冊會計師承辦的業務包括（　　）。
A. 培訓會計人員 B. 代理納稅申報
C. 辦理投資評價 D. 設計會計制度
11. 根據《中華人民共和國會計法》的規定，財政部門實施會計監督的主要內容是（　　）。
A. 各單位是否依法設置會計帳簿
B. 各單位的會計資料是否真實、完整
C. 會計核算是否符合會計法和國家統一會計制度的要求
D. 各單位從事會計工作的人員是否具有會計從業資格
12. 單位設置會計機構應根據（　　）來確定。
A. 單位規模的大小 B. 領導者的意圖
C. 經濟業務的繁簡 D. 經營管理的要求
13. 單位負責人對依法履行職責、抵制違反會計法規定行為的會計人員以（　　）等方式實行打擊報復，構成犯罪的，依法追究刑事責任。
A. 降級 B. 撤職
C. 調離工作崗位 D. 解聘或開除
14. 對受打擊報復的會計人員，應當恢復其（　　）。
A. 名譽 B. 原有職務 C. 職稱 D. 級別
15. 隱匿、故意銷毀依法應當保存的會計資料的行政責任包括（　　）。
A. 罰款 B. 拘留
C. 吊銷會計從業資格證書 D. 通報
16. 愛崗敬業的基本要求是（　　）。

A. 正確認識會計職業，樹立職業榮譽感
B. 熱愛會計工作，敬重會計職業
C. 嚴肅認真，一絲不苟
D. 忠於職守，盡職盡責

17. 廉潔自律的基本要求是（　　）。
A. 樹立正確的人生觀和價值觀　　B. 公私分明，不貪不占
C. 保密守信，不為利益所誘惑　　D. 遵紀守法，盡職盡責

18. 下列關於會計職業道德作用的表述中，正確的有（　　）。
A. 會計職業道德是規範會計行為的基礎
B. 會計職業道德是實現會計目標的重要保證
C. 會計職業道德是會計法律制度的重要保證
D. 會計職業道德是提高會計人員素質的重要措施

19. 開展會計職業道德的意義在於（　　）。
A. 促使會計職業健康發展　　B. 培養會計職業道德情感
C. 樹立會計職業道德信念　　D. 提高會計職業道德水準

20. 下列體現會計職業道德「誠實守信」基本要求的是（　　）。
A. 做老實人，說老實話，辦老實事
B. 言行一致，表裡如一
C. 保守商業秘密，不為利益所誘惑
D. 公私分明，不貪不占

三、判斷題

1. 會計法律是指國家財政部門制定的各種會計規範性文件的總稱。（　　）
2. 在中國的會計法律體系中，法律效力最高的是會計準則。（　　）
3. 單位內部會計監督的對象是會計機構、會計人員。（　　）
4. 記帳人員與經濟業務或會計事項的審批人員、經辦人員、財務保管人員的職責權限應當明確，並相互分離、相互制約。（　　）
5. 偽造會計憑證是指用塗改、挖補等手段來改變會計憑證的真實內容，歪曲事實真相的行為。（　　）
6. 會計人員調往外地繼續從事會計工作的，應當在新的工作地的財政部門重新參加會計從業資格考試並辦理申請手續。（　　）
7. 單位應當保證會計機構、會計人員依法履行職責，不得指使、強令會計機構、會計人員違法辦理會計事項。（　　）
8. 對偽造、變更會計資料或者編製虛假財務報告的會計人員，可處 3,000 元以上 50,000 元以下罰款，並吊銷其會計從業資格證書。（　　）

9. 會計檔案的原件不得借出，如有特殊情況，必須經總會計師批准，辦理登記手續后方可借出。（　）

10. 企業財務會計負責人不必取得會計從業資格證書。（　）

11. 所謂銷毀，是指故意將依法應當保存的會計憑證、會計帳簿、財務會計報告予以毀滅的行為。（　）

12. 各單位制定的內部會計制度不屬於中國統一會計制度的組成部分。（　）

13. 單位負責人為單位會計責任主體，如果一個單位會計工作中出現違法違紀行為，單位負責人應當承擔全部責任。（　）

14. 財政部門在實施會計監督中發現重大違法嫌疑時，不可以向與被監督單位有經濟往來的單位和被監督單位開立帳戶的金融機構查詢有關情況，只有公安或檢察機關可以。（　）

15. 單位內部建立、健全會計監督制度，就是指在單位內部建立的會計監督制度必須健全。（　）

16. 報名參加會計專業技術資格考試的人員，必須具備會計從業資格，持有會計從業資格證書。（　）

17. 相對單位內部會計監督而言，外部會計監督就是指註冊會計師依法進行的獨立審計。（　）

18. 單位負責人對本單位會計工作和會計資料的真實性、完整性負責。（　）

19. 代理記帳是企業委託有會計資格證書的人員進行記帳的行為。（　）

20. 會計主管人員是負責組織管理會計事務、行使會計機構負責人職權的負責人。（　）

21. 出納人員不得兼任稽核，收入、費用、債權債務帳目的登記工作以及會計檔案保管工作。（　）

22. 所謂責令限期改正，是指要求違法行為人在一定期限內將其違法行為恢復到合法狀態。（　）

23. 變造會計憑證的行為是指以虛假的經濟業務或者資金往來為前提，編造虛假的會計憑證的行為。（　）

24. 偽造會計憑證的行為是指採取塗改、挖補以及其他方法改變會計憑證真實內容的行為。（　）

25. 根據領導意圖進行會計處理是會計職業道德的內容之一。（　）

26. 會計人員違背了會計職業道德，就會受到法律的制裁。（　）

27. 會計職業道德是以善惡為標準來判定會計人員的行為是否違背道德規範。（　）

28. 社會實踐是形成會計職業道德修養的根本途徑。（　）

29. 會計人員違背了會計職業道德的，由所在單位進行處罰。（　）

30. 會計人員洩露商業秘密既違背會計職業道德、也違反相關法律。　　　(　)

四、名詞解釋
會計工作組織　會計法　會計檔案

五、簡答題
1. 科學有效地組織會計工作的意義是什麼？
2. 企業內部會計管理制度有哪些內容？
3. 會計人員的主要職責與權限有哪些？
4. 什麼是會計職業道德？中國會計職業道德規範的具體內容有哪些？
5. 會計檔案的作用有哪些？

參 考 答 案

一、單項選擇題
1. A　2. A　3. B　4. C　5. C　6. D　7. B　8. A　9. A　10. C　11. D　12. A　13. B
14. B　15. B　16. D　17. A　18. A　19. C　20. A

二、多項選擇題
1. ACD　2. ABCD　3. ABD　4. ABCD　5. BCD　6. ACD　7. ABC　8. ABC　9. ACD
10. ABCD　11. ABCD　12. ACD　13. ABCD　14. ABD　15. ACD　16. ABCD
17. ABD　18. ABC　19. ABCD　20. ABC

三、判斷題
1. ×　2. ×　3. ×　4. √　5. ×　6. ×　7. √　8. ×　9. ×　10. ×　11. √　12. √　13. ×
14. √　15. √　16. √　17. √　18. √　19. ×　20. √　21. √　22. √　23. ×　24. ×
25. ×　26. ×　27. ×　28. √　29. √　30. √

四、名詞解釋
會計工作組織指會計機構的設置、會計人員的配備、會計法規制度的制定與執行以及會計檔案的保管等一系列工作。

會計法是中國會計工作的基本法，也是中國進行會計工作的基本依據，在中國會計法規體系中居於最高層次地位。

會計檔案是指會計憑證、會計帳簿和財務會計報告等會計核算專業資料，是記錄和反應單位經濟業務的重要史料和證據。

五、簡答題

1. 科學、有效地組織會計工作，對於實現會計目標，發揮會計職能作用具有重要的意義：

（1）有利於保證會計工作的質量，提高會計工作的效率。

（2）有利於確保會計工作與其他經濟管理工作的協調一致。

（3）有利於加強單位內部的經濟責任制。

（4）有利於貫徹執行國家的方針、政策和法令、制度，維護財經紀律，建立良好的社會經濟秩序。

2. 企業內部會計管理制度是各單位根據國家會計法規、制度而制定的，旨在規範單位內部的會計管理活動。

各單位內部會計管理制度主要包括：

（1）內部會計管理體系。

（2）會計人員崗位責任制度。

（3）財務處理程序制度。

（4）內部牽制制度。

（5）稽核制度。

（6）原始記錄管理制度。

（7）定額管理制度。

（8）計量驗收制度。

（9）財產清查制度。

（10）財務收支審批制度。

（11）成本核算制度。

（12）財務會計分析制度。

3. 會計人員的主要職責有：

（1）進行會計核算。

（2）實行會計監督。

（3）擬定本單位辦理會計事務的具體辦法。

（4）參與擬訂經濟計劃、業務計劃。

（5）編製預算和財務計劃，並考核、分析其執行情況。

（6）辦理其他會計事項。

會計人員的主要權限有：

（1）會計人員有權要求本單位有關部門、人員嚴格遵守國家財經紀律和法規制度；認真執行本單位的計劃、預算，對於內部有關部門違反國家法規的情況，會計人員有權拒絕付款、拒絕報銷或拒絕執行，並應及時向本單位領導或上級有關部門報告。

（2）會計人員有權參與本單位編製計劃、制定定額、對外簽訂經濟合同，參加有關生產、經營管理會議和業務會議；有權瞭解企業的生產經營情況，並提出自己的建議。

（3）會計人員有權監督、檢查本單位有關部門的財務收支、資金使用和財產保管、收發、計量、檢驗等情況。

4. 會計人員的職業道德是指會計人員在職業活動中應遵循的、體現會計職業特徵的、調整會計職業關係的職業行為準則和規範。

中國會計人員的職業道德規範主要包括：

（1）愛崗敬業。

（2）誠實守信。

（3）廉潔自律。

（4）客觀公正。

（5）遵守準則。

（6）提高技能。

（7）保守秘密。

（8）文明服務。

5. 會計檔案的重要作用表現在以下幾方面：

（1）會計檔案是總結經驗、揭露責任事故、打擊經濟領域犯罪、分析和判斷事故原因的重要依據和證據。

（2）利用會計檔案提供的過去經濟活動的史料，有助於各單位進行經濟前景的預測、進行經營決策、編製財務及成本計劃。

（3）會計檔案資料可以為解決經濟糾紛，處理遺留的經濟事務提供依據。

附錄 1　企業和其他組織會計檔案保管期限

序號	檔案名稱	保管期限	備註
	一、會計憑證類		
1	原始憑證	15 年	
2	記帳憑證	15 年	
3	匯總憑證	15 年	
	二、會計帳簿類		
4	總帳	15 年	包括日記總帳
5	明細帳	15 年	
6	日記帳	15 年	現金和銀行存款日記帳 25 年
7	固定資產卡片		固定資產報廢后保管 5 年
8	輔助帳簿	15 年	
	三、財務報告類		包括各級管理部門匯總報表
9	月、季財務報告	3 年	包括文字分析
10	年度財務報告（決算）	永久	包括文字分析
	四、其他類		
11	會計移交清冊	15 年	
12	會計檔案保管清冊	永久	
13	會計檔案銷毀清冊	永久	
14	銀行餘額調節	5 年	
15	銀行對帳單表	5 年	

附錄 2　預算會計檔案保管期限

序號	檔案名稱	保管期限 總預算會計	保管期限 單位預算會計	保管期限 稅收會計	備註
	一、會計憑證類				
1	國家金庫編送的各種報表及繳庫退庫憑證	10 年		10 年	
2	各收入機關編送的報表	10 年			
3	行政單位和事業單位的各種會計憑證		15 年		包括原始、記帳憑證和傳票匯總表
4	各種完稅憑證和交、退庫憑證			15 年	交款存根聯在銷號后保管 2 年
5	財政總預算撥款憑證及其他會計憑證	15 年			
6	農牧業務稅結算憑證			15 年	
	二、會計帳簿類				
7	日記帳		15 年	15 年	
8	總帳	15 年	15 年	15 年	
9	稅收日記帳（總帳）、稅收票證分類出納帳		25 年		
10	明細分類、分戶帳及登記簿	15 年	15 年	15 年	
11	現金出納帳、銀行存款帳		25 年	25 年	
12	行政單位和事業單位固定資產明細（卡片）				報廢清理后保管 5 年
	三、財務報告類				
13	財政總預算	永久			
14	行政單位和事業單位決算	10 年	永久		
15	稅收年報（決算）	10 年		永久	
16	國家金庫年報（決算）	10 年			
17	基本建設撥、貸款年報（決算）	10 年			
18	財政總預算會計旬報	3 年			所屬單位報送的保管 2 年

（續表）

序號	檔案名稱	保管期限			備註
		總預算會計	單位預算會計	稅收會計	
19	財政總預算會計月報、季度報表	5年			所屬單位報送的保管2年
20	行政單位、事業單位會計月、季度報表		5年		所屬單位報送的保管2年
21	稅收會計報表（包括票證報表）			10年	所屬稅務機關報送的保管3年
	四、其他類				
22	會計移交清冊	15年	15年	15年	
23	會計檔案保管清冊	永久	永久	永久	
24	會計檔案銷毀清冊	永久	永久	永久	

註：稅務機關的稅務經費會計檔案保管期限，按行政單位會計檔案保管期限規定辦理

國家圖書館出版品預行編目(CIP)資料

新編初級財務會計學學習指導/ 羅紹德 主編.-- 第一版.
-- 臺北市：崧博出版：財經錢線文化發行，2018.10

　面；　公分

ISBN 978-957-735-532-4(平裝)

1.財務會計

495.4　　　　　107016290

書　　名：新編初級財務會計學學習指導
作　　者：羅紹德 主編
發行人：黃振庭
出版者：崧博出版事業有限公司
發行者：財經錢線文化事業有限公司
E-mail：sonbookservice@gmail.com
粉絲頁　　　　　　　網　址：
地　　址：台北市中正區延平南路六十一號五樓一室
8F.-815, No.61, Sec. 1, Chongqing S. Rd., Zhongzheng Dist., Taipei City 100, Taiwan (R.O.C.)
電　　話：(02)2370-3310　傳　真：(02) 2370-3210
總經銷：紅螞蟻圖書有限公司
地　　址：台北市內湖區舊宗路二段 121 巷 19 號
電　　話：02-2795-3656　傳真：02-2795-4100　網址：
印　　刷：京峯彩色印刷有限公司（京峰數位）

　　本書版權為西南財經大學出版社所有授權崧博出版事業有限公司獨家發行電子書及繁體書繁體版。若有其他相關權利及授權需求請與本公司聯繫。

定價：300元

發行日期：2018 年 10 月第一版

◎ 本書以POD印製發行